无居民海岛收购储备制度的理论与实践

叶 芳 著

北 京
冶金工业出版社
2019

内 容 提 要

　　"无居民海岛收储"是无居民海岛收购储备的简称。本书针对国内无居民海岛收购储备过程中的理论和实践问题，结合国内已运行的海域海岛储备机构的实践经验，以指导无居民海岛收储实践和开展研究为目的，从收储理论和实践两个层面对这些问题进行了全面分析和研究。

　　本书围绕无居民海岛收购储备的理论难点和实践热点开展研究，对我国沿海海洋行政管理部门开展海域海岛收储提供参考，同时也为相关海域海岛有偿使用的研究者提供参考资料。

图书在版编目（CIP）数据

　　无居民海岛收购储备制度的理论与实践/叶芳著 . —北京：冶金工业出版社，2019.3
　　ISBN 978-7-5024-8065-3

　　Ⅰ.①无… Ⅱ.①叶… Ⅲ.①海洋—行政管理—研究—中国 Ⅳ.①P7

　　中国版本图书馆 CIP 数据核字（2019）第 046311 号

出 版 人　谭学余
地　　　址　北京市东城区嵩祝院北巷 39 号　邮编　100009　电话　（010）64027926
网　　　址　www.cnmip.com.cn　电子信箱　yjcbs@cnmip.com.cn
责任编辑　夏小雪　美术编辑　吕欣童　版式设计　禹　蕊
责任校对　郑　娟　责任印制　牛晓波
ISBN 978-7-5024-8065-3
冶金工业出版社出版发行；各地新华书店经销；三河市双峰印刷装订有限公司印刷
2019 年 3 月第 1 版，2019 年 3 月第 1 次印刷
169mm×239mm；12.5 印张；245 千字；190 页
41.00 元

冶金工业出版社　投稿电话　（010）64027932　投稿信箱　tougao@cnmip.com.cn
冶金工业出版社营销中心　电话　（010）64044283　传真　（010）64027893
冶金工业出版社天猫旗舰店　yjgycbs.tmall.com
　　　　　　　（本书如有印装质量问题，本社营销中心负责退换）

前　言

　　无居民海岛收购储备是无居民海岛有偿使用的重点和前沿课题。2018 年 7 月原国家海洋局发布的《关于海域、无居民海岛有偿使用的意见》指出，无居民海岛是全民所有自然资源资产的重要组成部分，是我国经济社会发展的重要战略空间。无居民海岛有偿使用制度的建立实施，对促进海洋资源保护和合理利用、维护国家所有者权益等发挥了积极作用。无居民海岛有偿使用制度改革不仅能够使无居民海岛价值真正得以体现，而且在市场机制的引导下，无居民海岛资源的配置也将更加趋于合理化、法治化。总之，通过建立和培育海域海岛市场，引入市场机制，使市场在国家宏观调控下对无居民海岛资源配置发挥决定性作用。当前浙江、福建、广东等省份在探索无居民海岛有偿使用上做了很大的探索，然而由于无居民海岛的生态特殊要求、历史遗留问题难以得到有效解决、海域海岛管理制度以及政策工具的不完善，使无居民海岛有偿使用工作难以真正开展。

　　改革开放四十年是中国人在市场化改革中"摸着石头过河"的探索过程，海域海岛有偿使用改革也是在以理念创新的进程中进行体制性创新，海域有偿使用已经迈出了坚实的步伐，并得到广泛实践。建立无居民海岛收购储备制度，是自然资源行政部门为深化海域海岛有偿使用制度改革，解决海域海岛管理过程中的重点和难点问题而主动探索的制度创新的产物。

　　2011 年 11 月 4 日，象山县创立全国首个海洋产权交易中心，经国家海洋局批准开展海洋管理创新试点。紧接着舟山于 2013 年 8 月成立了舟山市海域海岛使用权储备（交易）中心。随后，我国的海域海岛储备机构在宁德、莆田、烟台等沿海城市纷纷成立，并出台了无居民海岛收购储备的地方性法规。实践证明，建立无居民海岛收购储备制度，是沿海政府培育和规范海域海岛市场，促进海域海岛尤其是无居民海岛资源进入市场，促进无居民海岛生态保护，优化无居民海岛资源配置，有效解决无居民海岛在制度不完善下产生的诸多历史遗留问题等的一项行之有效的制度，是政府促进无居民海岛生态保护和完善无居民海岛出让制度的政策工具，并已成为我国推进无居民海岛管理制度改革和无居民海岛有偿使用制度改革的新的突破点。各地政府也把无居民海岛收购储备制度建设作为一项重要工作，正在大力组织推进。

但作为一项创新制度，当前无居民海岛收购储备制度的理论研究和实践尚处于起步阶段，无论在理论上还是实践方面都缺乏深入系统的研究，导致各地无居民海岛收购储备制度的运作模式、运行效果不一，实施过程存在着法规不配套、机制不健全等问题，从而影响无居民海岛有偿使用的市场化运作。可喜的是，象山、莆田、舟山等地在无居民海岛收购储备上开展了许多尝试，制定了行之有效的管理制度和运作规程，一定程度上为理论的建构获得了实践的基础。因此，本书的很多成果正是建立在国家已有的制度出台和各地区的实践基础上，对无居民海岛收购储备的理论与实践进行深入的研究。全书共分为十一章，第一章主要是对无居民海岛收储的概述以及合法性评析；第二章对国内无居民海岛开发利用现状、实践、存在问题以及收储的实践问题进行全面、深入的分析；第三章对马尔代夫、澳大利亚、新加坡、美国、英国、印度尼西亚等国的无居民海岛收储开发实践与经验进行全面介绍；第四章从理论上对储备无居民海岛的收购范围及方式作了分析，并对无居民海岛收储新开发、收回、收购三种方案作了典型分析；第五章对无居民海岛储备程序进行了详细分析；第六章对无居民海岛收储价格、收购费用测算评估程序、收储价格的构成、影响因素分析、评估方法作了分析；第七章对无居民海岛收储的海岛生态修复、岸线整治、基础设施建设、政策处理等前期开发整理进行了阐述；第八章对无居民海岛抵押融资、旅游开发、钓场开发、生态养护等储备使用运作方法作了分析和典型案例介绍；第九章主要对无居民海岛储备出让制度作了介绍并对无居民海岛申请审批出让、招拍挂出让的两种出让方式以及无居民海岛使用金管理进行了全面介绍；第十章主要对无居民海岛收储模式、机构设置、运行风险以及配套政策进行了分析和介绍；第十一章在研究的基础上系统性地提出了"建构与完善无居民海岛收储制度"的设想。

　　本书是国内无居民海岛收购储备制度研究的系统性著作。在借鉴土地收购储备已有的成熟制度和国内一些地区在海域海岛收购储备制度上的实践运作，本书在一些核心问题上进行初步尝试，主要体现在以下这些方面：第一，本书从理论上对国内无居民海岛收购储备制度进行了初步的研究探讨，从思想意识上使理论者或实践者对海域海岛收购储备有了更为清晰的认识，便于开展实际的收储工作。第二，对国内无居民海岛收购储备的运作模式和运作程序作了深入探讨，也提供了一套可操作的模式，这些成果对沿海城市开展无居民海岛收购储备，进而开展无居民海岛有偿使用提供了可资借鉴的方法。第三，本书提出了清晰的无居民海岛收购储备制度具体完善方案和过程机制，并提出无居民海岛收购储备的制度框架。无居民海岛收购储备的研究本就不多，本书能够在相关研究的基础上提出制度建构和框架，可以为沿海地方开展具体实践提供方法和方案。

　　总之，本书仅是作者的初步思考和研究，对国内无居民海岛收购储备的认识上可能还有很多不足，恳请读者批评指正。最后还是要感谢那些土地收购储备制度的理论者以及海域海岛收购储备运作的实践者，正是他们的探索使本书得以找到一条能够为建构无居民海岛收购储备制度的理论路径。

著　者

2018 年 12 月 29 日

目　录

第一章

无居民海岛收储概述

2011 年 11 月 4 日，象山县创立全国首个海洋产权交易中心，经国家海洋局批准开展海洋管理创新试点。紧接着舟山于 2013 年 8 月成立了舟山市海域海岛使用权储备（交易）中心。随后，我国的海域海岛储备机构在宁德、莆田、烟台等沿海城市纷纷成立。2018 年 7 月 5 日，国家海洋局发布的《关于海域、无居民海岛有偿使用的意见》中指出，要加强无居民海岛有偿使用制度改革工作。作为无居民海岛有偿使用的配套制度中的收储制度的建立，有助于增强政府对无居民海岛供给市场的调控能力，提升海岛使用价值。

无居民海岛收购储备制度是近年来城市海域海岛使用制度的一项创新。目前，在宁波、舟山、宁德、莆田以及广东省、广西壮族自治区的部分城市，已建立了海域海岛储备制度，并在许多方面产生了积极的效果。

一、无居民海岛收购储备的背景及意义

（一）无居民海岛收购储备的背景

近年来，国内各沿海地区通过招拍挂、审批出让使用无居民海岛的现状日趋频繁，各地在无居民海岛开发利用上进行了一系列使用方式的探索。由于海岛特性决定着开发方式，海岛的开发有其特殊性。当前无居民海岛管理方式相对滞后、开发无序、开发模式单一、开放方式不符合实际等问题困扰着我国无居民海岛的开发保护。2018 年国家成立自然资源部，实行自然资源统一管理，建立自然资源有偿使用制度，探索行之有效的自然资源资产化运作模式。2017 年 5 月中央全面深化改革领导小组第三十五次会议审议通过了《海域、无居民海岛有偿使用的意见》明确提出，对可开发利用的无居民海岛，要通过提高用岛生态门槛，完善市场化配置方式，加强有偿使用监管等措施，建立符合无居民海岛资源价值规律的有偿使用制度。由此可见，在坚持生态文明体制改革总体方案的条件下，政府发挥协调人、中间人作用来开发无居民海岛是创新无居民海岛开发方式的一个新命题，特别是由国资统一收购来开发无人岛更是一个创新性课题，它不仅是落实国家无居民海岛有偿使用制度、避免国有资源型资产流失、保护海岛生态的基础性工作，也是推动无居民海岛市场化运作、完善无居民海岛产权交易制度的

重要理论依据，具有十分重要的现实意义。

（1）随着我国市场经济体制的逐步完善，各级政府对市场经济的认识日益深刻，积累了驾驭市场经济的基本经验，无居民海岛收储制度是顺应我国海域海岛制度和市场基本规律而进行的政府和市场有效结合配置无居民海岛资源的制度创新。长期以来，对分散在海上的无居民海岛大都置之不理，或者对其价值缺乏认识。西方发达国家特别是一些海洋强国，对无居民海岛的利用相对较早，在英国、美国等国家，利用出租无居民海岛给一些富人开发，作为旅游休闲场所。而后，一些西方国家考虑如何开发无居民海岛，大都采取由政府或委托社会组织进行前期开发，再由政府将这些无人岛出租给一些富人或企业或社会团体或科研机构，这种行为是早期的无居民海岛收储。我国对无居民海岛的有偿开发是随着市场经济的推进而诞生的，在一些沿海城市，政府开始有意识地将一些无人岛以较低的价格出租给个人或社会组织，如舟山莲花岛，1996 年开发者朱仁民出资 9 万多元买下了浙江省舟山市普陀区塘头乡一座无人岛的 40 年经营权，成为我国第一位无人岛岛主。为保护这一难得的稀世奇观，他耗资几千万，独资买下并耗时二十余年在无任何路、水、暖、电、码头、通信等基础配套的情况下，艰苦卓绝地建成了令国内外业圈膜拜的生态保护"大地艺术"。

（2）《海岛保护法》的颁布实施极大地加强了海岛的保护开发力度，促进了我国海岛开发方式和海岛管理方式的创新，无居民海岛收储制度是适应新时代海岛保护开发的现实需要。2010 年国家颁发了《海岛保护法》，该法对无居民海岛的权属做了明确规定，第四条规定"无居民海岛属于国家所有，国务院代表国家行使无居民海岛所有权"。同时，第三十一条也明确了"经批准开发利用无居民海岛的，应当依法缴纳使用金。但是，因国防、公务、教学、防灾减灾、非经营性公用基础设施建设和基础测绘、气象观测等公益事业使用无居民海岛的除外"，这为无居民海岛有偿使用奠定了法律基础。无居民海岛区别于其他自然资源，一般远离大陆，基础设施较差，对其开发具有很大的难处。因此，要将无居民海岛资源变为可供交易的资源必须提升无居民海岛的价值，必须将荒无人烟的"生岛"变成具有基本开发条件的"熟岛"，这需要做好前期开发工作。由此，无居民海岛储备适时诞生。

（3）《关于海域、无居民海岛有偿使用的意见》的出台，推进了无居民海岛有偿使用制度的建立和完善，亟需建立无居民海岛收储制度，以利于有偿使用制度的实施。自 2010 年颁布实施《海岛保护法》以来，我国无居民海岛有偿使用制度逐步建立和完善，出台了《无居民海岛使用金征收使用管理办法》《无居民海岛使用金评估规程（试行）》《无居民海岛使用测量规范（草案)》《关于无居民海岛开发利用项目审理工作的意见》《调整海域无居民海岛使用金征收标准》等配套制度，2017 年 1 月 16 日国务院发布了《关于全民所有自然资源资产有偿使用制度改革的指导意见》，提出了逐步扩大市场化出让范围等改革措施以完善我国无居民海岛有偿使用制度。2017 年 5 月，中央深改组第三十五次会议审议通过《海域、无居民海岛有偿使用的意见》，会议强调海域、无居民海岛是全民所有自然资源资产的重要组成部分。要以生态保护优先和资源合理利用为导向，对需要严格保护的海域、无居民海岛，严禁开发利用。对可开发利用的海域、无居民海岛，要通过提高用海用岛生态门槛、完善市场化配置方式、加强有偿使用监管等措施，建立符合海域、无居民海岛资源价值规律的有偿使用制度。2018 年国家成立了自然资源部，实行自然资源统一管理，对自然资源开发利用和保护进行监管，建立空间规划体系并监督实施，履行全民所有各类自然资源资产所有者职责，统一调查和确权登记，建立自然资源有偿使用制度，探索行之有效的自然资源资产化运作模式。2018 年 7 月国家海洋局发布了《关于海域、无居民海岛有偿使用的意见》，明确提出对可开发利用的无居民海岛，要通过提高用岛生态门槛，完善市场化配置方式，建立符合无居民海岛资源价值规律的有偿使用制度。至 2016 年年底，我国已有偿出让了 17 个无居民海岛，累计征收使用金 5.35 亿元。这些政策的推进亟需建立一整套无居民海岛收储制度，以利于无居民海岛有效性和实质性开发。

（4）推行招拍挂出让无居民海岛，要求政府手中有岛，处置低效利用、长期人为闲置的无居民海岛，要求对收回的无居民海岛有人管理，这些构成了建立无居民海岛收储制度的现实需求。自然资源部成立以来，国家加大了对无居民海岛有偿使用的招拍挂出让方式的力度，各沿海政府和海洋主管部门从建立公开、公平、公正海域海岛供应市场的角度，从反腐倡廉的角度，也大力推进招拍挂方式出让海域海岛。而要招拍挂无居民海岛的先决条件是政府手中要有岛，而且要实质性和有效性推进无居民海岛有偿使用工作，首要确保无居民海岛是"净岛"。因此，地方政府在推行无居民海岛招拍挂过程中，为了手中有岛，推动了海域海岛收购储备制度的建设，而垄断无居民海岛供应市场，又促进了海域海岛收储制度的发展。

处置人为闲置开发无居民海岛也是建立海域海岛收储制度的重要原因。在处置人为原因闲置无居民海岛，对因企业原因导致的闲置两年以上的无居民海岛，政府可以无偿收回。而无居民海岛供应出去后，前期一般进行了必要性开发。那么，对收回的这些无居民海岛如何管理，成为政府和海洋主管部门思考的一个问题。2000 年起，象山大羊屿由宁波狩猎有限公司开发利用，在岛上建造了数幢小别墅及其附属建筑。因经营效益不佳，闲置多年。这个收回的无居民海岛的开发成为当地海洋主管部门的重要管理工作。

（5）国家加强海洋生态保护，需要对无居民海岛进行有效的养护，实现海岛资源的经济效益和生态效益，建立无居民海岛收储制度成为必然要求。目前，我国实行了较为严格的海洋生态保护制度，以利于海洋环境保护。对无居民海岛开发的核心难题是如何兼顾经济效益和生态效益，这就需要做好开发前的海岛规划和资源收储。一般而言，无居民海岛开发不单单是岛屿的开发，还涉及岸线、海域等资源。这些开发不可避免地对自然资源破坏，如何做好无居民海岛开发生态优先，需要我们在出让时对相关资源进行整体出让。这就需要我们建立自然资源综合收储机构，对涉及无居民海岛开发的岸线、海域等相关资源进行统一收储。

（6）沿海海岛城市缺乏有效的土地资源，海域海岛成为城市资源资本化的可供选项，建立无居民海岛收储制度成为必然选择。城市资源的资本化是城市建设最重要的融资渠道。然而，一些海岛城市由于土地资源稀缺，无法利用土地进行融资，因而不得不利用其他资源进行融资。无居民海岛资源作为一种相对优质、权属争议相对较小的资产，具有很大的开发价值。根据《2017年海岛统计调查公报》显示，我国拥有无居民海岛1万余个，存量无居民海岛蕴涵巨大的资金宝藏，我国的海域海岛制度为沿海城市挖掘这一宝藏提供了有力的工具，当这点被有经济意识的城市管理者认识之后，建立海域海岛储备制度就成为这些地方政府的自觉行动。

（二）无居民海岛收购储备的意义

（1）建立无居民海岛储备制度是深化海洋资源市场化配置的需要。自《中华人民共和国海域使用管理法》和《中华人民共和国海岛保护法》施行以来，海域海岛使用一直采取行政申请审批的方式。党的十八届三中全会决议明确指出，"必须积极稳妥从广度和深度上推进市场化改革，大幅度减少政府对资源的直接配置，推动资源依据市场规则、市场价格、市场竞争实现效益最大化和效率最优化"。海岛使用权作为用益物权，是非常重要的资源要素。2011年，浙江省政府印发的《浙江省重要海岛开发利用与保护规划》确定了100个重要海岛进行有序利用和分类开发。浙江省委省政府发布的《浙江省海洋资源保护与利用"十三五"规划》指出，"加强海洋资源储备政策研究，开展海洋资源存量整理，推进海洋资源收回储备工作，推进海洋资源市场化配置制度"。省政府出台的《浙江省无居民海岛开发利用管理办法》和《浙江省无居民海岛使用审批管理暂行办法》也明确提出建立无居民海岛收储制度的工作要求。浙江省舟山市市委、市政府将海域海岛市场化工作纳入全市性工作进行部署，在落实发展海洋经济措施、加快海洋牧场建设部署中，都将海域海岛储备工作作为重要工作推进。但是，目前全省甚至全国范围内关于海域海岛储备相关的配套制度建设较为滞后，严重影响了海域海岛储备和海域资源市场化配置工作，加快海域海岛储备工作制度，对推进海域储备制度的建立和海域管理改革的深化具有重要的意义。

（2）建立无居民海岛储备制度是提升海岛生态保护和资源合理利用水平的需要。科学合理利用无居民海岛，必须坚持科学规划、保护优先、合理开发、永续利用原则。无居民海岛储备制度的建立从源头上控制了生态破坏的可能性，始终坚持政府的主导作用，将政府作为协调者的作用发挥出来，对资源合理利用水平的提升具有重要作用。一是体现政府配置资源的引导作用。坚持无居民海岛的公有性质、物权法定，划清所有者和使用者的边界、管理者和使用者的边界，推行所有权和使用权相分离，探索适度扩大使用权的出让、转让、出租、抵押、担保、入股等权能。二是发挥海岛有偿使用的经济杠杆作用。舟山的1100多个无居民海岛，地理位置不同、开发条件不同对其价值评估必须进行科学估价，同时无居民海岛有偿使用必须发挥经济杠杆作用，最大限度地发挥无居民海岛的使用价值。

（3）建立和完善无居民储备制度是增强科学用岛用海的需要。积极推进和实施无居民储备制度是有效实现海洋资源市场化配置的基础性工作和重要途径，对保障我市海洋经济发展，促进科学集约利用海洋资源具有十分重要的意义。一是规范和有序开展无居民海岛储备和海洋产权的交易管理，实现国有资源优化配置和国有资产保值增值，有助于培育新的经济增长点，优化海洋产业结构，推进区域经济发展；二是有利于无居民海岛资源的节约集约利用，统筹海域海岛计划指标管理，积极调控市场供应和需求，切实保障我市海洋经济发展用海用岛需求；三是有利于规范无居民海岛审批与建设周期，降低企业投资风险，避免用海用岛纠纷，为企业和个人开发利用海岛节约时间和成本，营造高效、快速、宽松的投资环境；四是通过无居民海岛储备前期整理开发和科学评估，提升无居民海岛使用权抵押融资功能，进一步提高海域海岛价值，增加本级财政收入，进一步提升舟山市海域发展空间。

二、无居民海岛收购储备的内涵

（一）无居民海岛的概念

关于"无居民海岛"的概念，在历史上俗称荒岛。2002年11月1日通过2003年1月1日实施的我国最早一部有关无居民海岛管理的法规是厦门市政府出台的地方性规章《厦门市无居民海岛保护与利用管理办法》，其中第二条将无居民海岛定义为"厦门市海域内不作为常住户口居住地的岛屿和岩礁"。2003年6月17日通过的国家海洋局、民政部和总参谋部三部委联合发布的《无居民海岛保护与利用管理规定》第34条将其定义："无居民海岛，是指在我国管辖海域内不作为常住户口居住地的岛屿、岩礁和低潮高地"。第33条指出"无居民海岛不得作为公民户籍登记的地址和企业登记注册的地址。确需将无居民海岛转为有居民海岛的，除按规定报批外，应当逐级上报国家海洋局、民政部和总参谋部备案"。2009 年通过 2010 年实施的《海岛保护法》第 57 条第 2 款规定："无居民海岛，是指不属于居民户籍管理的住址登记地的海岛"。由此可知，无居民海岛的特殊属性是不属于居民户籍管理的住址登记地。另外，对海岛的定义，在《海岛保护法》中是有相对明确的阐述，《中华人民共和国海岛保护法》第 2 条第 2 款规定"本法所称海岛，是指四面环海水并在高潮时高于水面的自然形成的陆地区域，包括有居民海岛和无居民海岛"。综上所述，根据《中华人民共和国海岛保护法》和国家有关规定，我们现在可以这样界定无居民海岛概念：一是在海洋上客观存在的，在高潮时高于水面的岛屿、岩礁等自然形成的陆地区域；二是在主权既定前提下的国家内海、领海、毗连区、专属经济区内，以年平均高潮线为面积测量标准，四面环海面积不少于 500 平方米的岛屿、岩礁和低潮高地❶；三是不属于居民户籍管理的住址登记地；四是不作为长期具有自然人生存的区域。

据中国国家海洋局 2001 年公布的数据，中国拥有面积超过 500 平方米的岛屿 6500 多个，其中有居民的海岛仅 433 个，其余均为无居民海岛。面积在 500 平方米以上、1000 平方米以下的"小小岛"，一般都是无居民海岛。500 平方米以下的岛屿数以万计，均为无居民海岛。因此，一般而言无居民海岛相对比较偏僻、荒芜，对其开发难度较大，但潜在价值巨大，对其储备也具有广阔的市场价值。

（二）无居民海岛收购储备的概念

无居民海岛收购储备是伴随海域海岛产权制度和无居民海岛有偿使用制度改革的不断深化和配套改革的推进产生的新事物。无居民海岛收储是无居民海岛收购储备制度的简称，目前还没有法律界定，对其定义相对宽泛些。借鉴土地收储的概念界定，笔者认为，无居民海岛收储内涵必须遵循以下几个原则：一是应明确无居民海岛收储主体，无居民海岛作为国有资产的一部分，其主体一般是政府或政府委托、派出的机构；二是收储应遵循一定的法律规范、规章制度等，一般需要明确收储程序、收储方法等；三是收储方式是多元的，无居民海岛收储是对闲置、使用权人未按照规定使用或低效利用或严重破坏生态环境等、国家或政府因公共利益需要、军队国防需要的无居民海岛进行收购储备，一般收储方式包括新开发（纳入）、征用、收回、收购、置换等；四是收储的最终目标是实现无居民海岛使用权由集体或其他使用者手中向政府集中，实现"净岛"出让。

据此，本书认为，无居民海岛收储是指海域海岛储备机构按照政府授权或者经人大通过的海域海岛储备计划，依照或遵照有关章程，通过新开发（纳入）、征用、收回、收购、置换等方式，实现无居民海岛使用权由集体或其他使用者手

---

❶ 刘登山. 我国无居民海岛使用权制度研究 [D]. 长春：吉林大学，2010.

中向政府集中。

考察近年来我国无居民海岛储备实施的实际，各地的提法和做法虽略有不同，但可以肯定地说，这是一种海域海岛制度，而且是一种海域海岛制度的创新。建立海域海岛储备机制，其主要目标是通过政府垄断海域海岛一级市场供应，增强政府对海域海岛市场的调控能力，进一步规范市场秩序。因而，无居民海岛储备是一种有针对性的政府行为，是海域海岛储备机构根据城市总体规划、海洋和海岛规划与经济发展的客观需要，对无居民海岛进行初步开发，将"生岛"变为"熟岛"后，将其纳入海域海岛储备库，以备供岛之需的行为。

(三) 无居民海岛收储的特征

考虑到无居民海岛大多处于闲置、分散，部分无居民海岛收储价值也比较低，可开发、可供出让收储的无居民海岛相对较少。但是不管是闲置的还是有开发前途的，或是已开发待收回的无居民海岛都具有一些特定性质，在收储过程中，必须明确这种特性，才能厘定清楚收储程序、收储方法和确定收储价格以及收储出让等行为。

（1）行政性与政府主导性。无居民海岛储备是指市、县人民政府自然资源管理部门（主要指海洋行政主管部门）为实现调控海域海岛市场、促进海域海岛资源合理利用目标，依法取得无居民海岛，进行前期开发、储存以备供应无居民海岛的行为。从这种确定性行为上看，无居民海岛储备主体为政府或者政府授权的海域海岛储备机构，其天然具有行政性特征；从无居民海岛储备的运行模式来看，无居民海岛作为全民所有自然资源资产的重要组成部分，其运行方式的市场主导型、市场政府结合型、政府主导型和"双储双控"模式都离不开政府的参与，且随着经济的逐渐发展，政府的主导地位愈发明显。

（2）公益性与经营性。无居民海岛储备制度的实施是以海域海岛规划、无居民海岛供应计划为依据，目的在于调控海域海岛市场。在无居民海岛收储工作开展的过程中，政府根据地区发展需求和公共利益需要，适当调整无居民海岛储备范围。因此，无居民海岛储备制度具有公益性特征。此外，无居民海岛储备为政府带来了巨大的财政收益，在进行无居民海岛储备过程中，海域海岛储备机构会适当调整储备规模和储备周期，在坚持生态保护优先的基础上，合理经营储备无居民海岛，以实现海岛经济价值最大化，因此无居民海岛储备制度也表现出经营性特征。

（3）地域性与战略性。无居民海岛的位置固定性决定了无居民海岛储备制度的地域差异性，各海域、各海区、各城市的海岛利用类型、利用结构以及海岛固有的自然特性存在很大的差异，因此各城市在开展无居民海岛收储工作时，必须坚持因地制宜的原则，根据自身的自然条件、海岛的战略特性等方面，制定符合城市发展的无居民海岛储备制度，选择切实可行的无居民海岛储备运行模式。

（4）统一性和整体性。对无居民海岛储备制度的定位是"多个渠道进水，一个池子蓄水，一个龙头放水"，即政府统一纳入收购回收无居民海岛、统一储备、统一供岛，体现出无居民海岛储备制度的统一性。此外，在无居民海岛储备制度实施过程中，政府还应注意利益和目标的整体性和统一性，既要保证近期效益和长期效益的统一，还要保证社会效益、经济效益和生态效益的统一，坚持生态优先。

（5）大投入与慢产出。无居民海岛储备资金占用量大。无居民海岛资源作为典型的不动产，对于无居民海岛的收储需要大量的资金支持，目前我国海域海岛储备融资来源以政府财政划拨和银行贷款为主，过于单一的融资渠道成为限制海域海岛储备工作顺利开展的重要因素。与此同时，无居民海岛不像土地、森林、矿产等资源，快投入与快产出，收储的无居民海岛一般出让时间很慢，使得储备投入与出让产出之间形成时间差，对储备机构的资金运行也是一个大的难点。

（6）价值性和生态性。这是无居民海岛开发利用的最大特殊属性。无居民海岛生态价值和经济价值不仅仅限于海岛本身，必须对无居民海岛有个系统认识和生态链条思想，也就是说我们对无居民海岛的开发利用并不是仅仅使用了海岛本身，还涉及海岛与其周边海域共同构成的整体资源价值。如果仅仅着眼于无居民海岛上的某一类资源，或者人为地将无居民海岛割裂成不同类型的自然资源，就将大大降低无居民海岛保护的意义和价值❶。

（四）无居民海岛收储的基本原则

坚持生态优先，科学开发原则。始终树立保护第一原则，在无居民海岛收储和开发过程中，应该将生态红线、岸线保护作为第一任务，综合考虑无居民海岛开发的生态保护成本、机会成本和海岛生态服务价值，对无居民海岛开展适度、科学开发和有效的生态保护。

坚持产权明晰、权能丰富原则。开展无居民海岛资产有偿使用、确权登记改革其共同的目标都是要实现无居民海岛产权明晰，始终明确国家作为无居民海岛所用权的主体资格，企业、社会组织、个人、外国人和组织可以作为无居民海岛使用权人，明确无居民海岛所有者和使用者的权责，实行监管有效、权益落实。

坚持有序储备，按需供岛原则。对无居民海岛储备应在做好利于开发，有利于保护的前提下，对离岸较近的无居民海岛优先储备。在供应商，实现无居民海岛供应早计划、早储备，并根据市场情况，确保无居民海岛供应结构合理，实

---

❶ 穆治霖. 海岛权属制度研究［D］. 北京：中国政法大学，2009.

现无居民海岛有效供应。

坚持政府主导，市场化运作原则。国家是无居民海岛所有权的唯一主体，无居民海岛资源作为资源性资产属于国有资源资产体系范畴，政府理应成为收储的核心和主导力量，加快无居民海岛收储对增强政府调控无居民海岛市场能力、规范无居民海岛市场运作、拓展和深化无居民海岛资源市场化配置等方面都具有重要意义。

坚持科学规划，整体协调原则。对于无居民海岛收储应做到统筹协调、生态优先，全面规划和单岛规划并行。考虑无居民海岛的地理现状以及用岛对水电、交通等的要求，经营性无居民海岛开发时可以有限考虑离陆相对较近的海岛，在规划时也应将离陆较近的海岛作为优先储备和开发的项目。

三、建立无居民海岛收储制度的合法性评析

无居民海岛收购储备制度的运行应当以法律为依据，无居民海岛收购储备机构应当按照法律规范的要求进行无居民海岛收购储备。在无居民海岛收购储备法律关系中，当事人的合法权利应当受到法律的保护，与此同时，无居民海岛权利人在无居民海岛收购储备过程中，也应当依法履行相应的义务。在无居民海岛收购储备过程中，产生的民事权利的得失变更应当遵循民法的相关规定，这是无居民海岛收购储备制度合法原则的基本要求。在我国目前海域海岛收购储备（这里主要指无居民海岛）实践当中，首要的任务应当是完善无居民海岛收购储备制度的立法。我国目前无居民海岛收购储备制度立法的实际情况是，相关立法零散，立法的原则性强而缺乏可操作性，无居民海岛收购储备立法缺乏统一的基本法律依据而以地方性规章为主。在当前的情况下，贯彻无居民海岛收购储备的合法原则首先应当积极促进无居民海岛收购储备制度的立法，建立一套完善的包含无居民海岛收购储备在内的海域海岛收储法律体系，以规范海域海岛收购储备机构的行为，保护相关当事人的合法利益。

（一）无居民海岛收储制度的法律依据

我国目前还没有关于无居民海岛或者海域海岛收购储备的统一立法。国务院《关于全民所有自然资源资产有偿使用制度改革的指导意见》（国发〔2016〕82号）中要求"明确无居民海岛有偿使用的范围、条件、程序和权利体系"。收储制度是无居民海岛有偿使用的必要程序之一，界定无居民海岛收购储备制度意义重大。但是现行立法中并没有对无居民海岛收购储备制度的具体运作给出明确的答案。关于无居民海岛收购储备制度运作的主体、基本程序等核心的内容散见于不同的法律规范之中。

《宪法》第九条规定"矿藏、水流、森林、山岭、草原、荒地、滩涂等自然

资源，都属于国家所有，即全民所有"，确定了政府作为无居民海岛资产储备与经营主体的地位。《物权法》第九条规定"依法属于国家所有的自然资源，所有权可以不登记"，第四十六条也规定"矿藏、水流、海域属于国家所有"。《海岛保护法》第四条进一步规定"无居民海岛属于国家所有，国务院代表国家行使无居民海岛所有权"。中华人民共和国领土范围内的无居民海岛属于国家所有，但在无居民海岛上的滩涂、森林属于集体所有应除外，因此，无居民海岛的所有权不存在私人所有权。海域海岛一级市场必须由政府实施垄断。根据我国《海岛保护法》第28条、第29条、第30条、第31条、第35条，《无居民海岛使用金征收使用管理办法》第2条、第3条、第14条的规定，可以纳入无居民海岛收购储备的无居民海岛主要包括以下类型：实施或调整海洋功能区划、海岛保护规划应依法收回的；无居民海岛使用期限届满依法收回的；闲置无居民海岛依法收回的；非法占用、转让无居民海岛依法收回的；未开发利用的；其他可依法储备的。由我国《宪法》《物权法》《海岛保护法》《无居民海岛使用金征收使用管理办法》的规定构建的无居民海岛有偿使用制度，在立法层面上保障了国家作为无居民海岛使用权人可以通过对无居民海岛权能的转让，实现对无居民海岛的利用并当然的取得无居民海岛利用的收益。

（二）无居民海岛收购储备制度立法评价

一项制度立法的成熟与否并不取决于是否有专门的单独立法，而应当取决于针对该项制度的立法是否完备。但我国的无居民海岛收购储备制度（或海域海岛收购储备制度）的立法现状并不能令人做出一个乐观的判断。尽管有关无居民海岛收购储备制度的基本内容可以在现行立法中找到相关规定，但是这些规定并不利于无居民海岛收购储备制度的顺利运行。固然，这一现象与无居民海岛收购储备制度产生与发展的时机与过程存在密切的联系，但是我们有必要对无居民海岛收购储备制度的立法进行完善，毕竟无居民海岛收购储备制度不是一个暂时性、过渡性的制度，而是我国实现无居民海岛有偿使用重要的制度保障。

我国目前关于无居民海岛收购储备制度立法存在的问题主要有：第一，现行立法对无居民海岛收购储备制度的规定内容分散。如上所述，我们不能将是否有一部无居民海岛收购储备制度的专门立法作为判断无居民海岛收购储备制度是否完善的标准，但是，我国目前关于无居民海岛收购储备制度的立法散见于不同的部门法中却是不争的事实。国家没有一部统一的关于无居民海岛收购储备制度的立法，导致相关立法的主要部分是地方性立法。由于没有统一的上位法作为依据，各地的立法出现了各自为政难以统一的局面，即便是一些基本的术语的定义也不能统一，比如对"无居民海岛储备"的界定，各地之间都存在较大的差异。第二，现行立法对无居民海岛收购储备制度的规定缺乏可操作性。由于国家立法的零散、分散，地方立法差异性较大，立法难以满足无居民海岛收购储备制度实践中的要求，尤其是立法的可操作性较差，导致实践中行为失范。中央立法中的规定原则性较强，仅提供了无居民海岛收购储备的基本精神。而地方立法的规定较为粗放，从各地立法看，大多数仅有十几条或二十几条的规定。对于具体操作中使用的法律文书、无居民海岛收购储备机构的部门职责、相关人员的权限、当事人的权利义务等均未做出详尽的规定。第三，现行立法对无居民海岛收购储备制度的规定不完善，需要政策补充。目前，多数城市都设立了海域海岛储备中心等无居民海岛收购储备机构，但是，海域海岛收购储备机构所进行的无居民海岛收购储备行为多以当地的政策性规范为依据。导致这种情况的原因应该是多方面的，但是，上位立法的缺失不能不说是一个重要的原因。而这种以政策代替立法的做法在实践中也会遇到诸多的问题，尽管政策性规范的灵活性比较强，但由于其在立法上的位阶较低，也会使得无居民海岛上的合法利益得不到应有的保障。

第二章

我国无居民海岛收储的实践

当前，我国无居民海岛开发正在不断推进，取得了较好的效益，正在不断规范无居民海岛有偿使用运行机制。历史上由于各种原因在无居民海岛开发上处于无序状态，权属关系复杂，这些复杂权属的无居民海岛往往又是具有很大开发价值的岛屿，因此，对其收储也面临很多现实性、政策性和历史性问题，需要直面这一课题。

一、我国无居民海岛开发利用现状

（一）我国无居民海岛开发利用

1. 我国无居民海岛开发利用情况

中国是一个多岛屿国家，《2017 年海岛统计调查公报》显示，我国共有海岛 11000 余个，海岛总面积约占我国陆地面积的 0.8%。按省域分，浙江省、福建省和广东省海岛数量位居前三位；按海域划分，东海最多占 59%，南海约占 30%，渤海和黄海各占约 11%。面积在 500 平方米以上的海岛共有 6900 多个（不含海南岛本岛和中国台湾、中国香港、中国澳门所属海岛）。其中，无居民海岛占海岛总数的 94%，而其面积仅为海岛总面积的 2% 左右（见表 2-1）❶。

2003 年，我国第一部针对海岛的国家制度《无居民海岛保护与利用管理规定》施行，这是我国无居民海岛利用活动逐步纳入法制化轨道的重要标志。2008 年国家海洋局颁布"海十条"，提出政策"鼓励外资和社会资金参与无居民海岛的开发"；2010 年，我国首部海岛资源利用、管理与保护方面的综合性法律《中华人民共和国海岛保护法》颁布实施；2011 年，公布了中华人民共和国第一批开发利用的无居民海岛名录；2012 年，《全国海岛保护规划》正式颁布实施，该规划是我国在推进海岛事业发展的一项重大举措，对于保护海岛、合理开发海岛资源，维护国家海洋权益，促进海岛地区经济社会可持续发展具有深远的意义。

---

❶ 黄沛，等. 浅析国际著名海岛旅游开发与管理对我国海岛的借鉴作用 [J]. 海洋开发与管理，2011（5）：36~39.

而后针对无居民海岛开发，我国又相继出台了《无居民海岛开发利用审批办法》《关于海域、海岛有偿使用的意见》（2018 年 7 月）等政策性文件，大大提升了无居民海岛使用的法律规范。

表 2-1　我国无居民海岛数量

区域	面积在 500 平方米以上的海岛数量/个	其中无居民海岛数量/个	无居民海岛数量占海岛总数比/%
全国	6961	6528	93.8
山东	296	261	88.2
浙江	3061	2883	94.2
福建	1352	1250	92.5
广东	759	715	94.2
广西	651	642	98.6

资料来源：《全国海岛资源综合调查报告》编写组. 全国海岛资源综合调查报告［M］. 北京：海洋出版社，1996.

在无居民海岛开发利用管理方面，截至 2017 年年底，依据《中华人民共和国海岛保护法》共批准开发利用无居民海岛 26 个，用岛总面积约 1844.19 万平方米。其中，旦门山岛是我国第一个依法确权发证的无居民海岛，大洋峙是第一个以市场化配置方式出让的无居民海岛，扁鳗屿是第一个依法确权的公益性海岛（见表 2-2）。

表 2-2　2011~2017 年依法批准无居民海岛的开发利用情况

序号	省份	主导用途	用岛面积/万平方米	批准年份
1	辽宁省	旅游娱乐	3.19	2011
2	辽宁省	渔业开发	1.42	2013
3		渔业开发	0.06	2015
4	河北省	旅游娱乐	1492.77	2011
5	山东省	旅游娱乐	0.40	2012
6	浙江省	旅游娱乐	101.81	2011
7		旅游娱乐	26.54	2013
8		公共服务	0.18	2015
9		公益服务	0.46	2017
10		交通运输	0.38	2017

续表 2-2

序号	省份	主导用途	用岛面积/万平方米	批准年份
11	福建省	旅游娱乐	1.51	2013
12		交通运输	8.67	2012
13		旅游娱乐	8.43	2012
14		工业仓储	5.12	2015
15		旅游娱乐	0.26	2017
16		道路广场	0.64	2017
17		施工期用岛	3.10	2017
18		施工期用岛	76.31	2017
19	广东省	旅游娱乐	1.50	2013
20		旅游娱乐	1.73	2013
21		公共服务	96.51	2016
22	广西壮族自治区	交通运输	0.95	2011
23		桥梁	0.22	2017
24		桥梁	0.26	2017
25		桥梁	0.41	2017
26	海南省	旅游娱乐	11.36	2012

资料来源：2011~2017 年海岛统计公报，2017 年按亩计算，转化为公顷，按照 0.0667 折算。

2011 年 4 月 12 日，国家海洋局联合沿海有关省、自治区海洋厅（局）召开新闻发布会，向社会公布我国第一批 176 个开发利用无居民海岛名录。第一批开发利用无居民海岛名录涉及辽宁、山东、江苏、浙江、福建、广东、广西、海南等八个省区。其中，辽宁 11 个、山东 5 个、江苏 2 个、浙江 31 个、福建 50 个、广东 60 个、广西 11 个、海南 6 个。海岛开发主导用途涉及旅游娱乐、交通运输、工业、仓储、渔业、农林牧业、可再生能源、城乡建设、公共服务等多个领域。而后，沿海各省依据海岛保护规划和海岛开发建设的实际需要，陆续公布无居民海岛的开发名录，积极发挥政府在无居民海岛开发建设活动中的引导作用，并加强海岛巡航执法检查，监督开发利用单位和个人严格依照国家法律政策和开发利用具体方案等开发建设海岛，以实现海岛开发和保护并举，推动海岛经济又好又快发展。

目前单位和个人提出用岛申请后，必须按照政府编制的海岛保护和利用规划，对拟开发的海岛编制详细的开发利用具体方案，在经专家进行充分论证认可后，并经国务院或省级人民政府批准后，可取得无居民海岛使用权。

2. 我国无居民海岛开发利用存在的问题

尽管我国在无居民海岛开发利用上取得了可喜的成绩，然而在无居民海岛开发上也存在很多问题，主要表现为：

（1）管理上缺乏协调机制，历史遗留问题复杂。无居民海岛的开发保护工作是一项系统工程，不仅涉及海洋主管部门的管理职责，同时也涉及其他众多部门的管理职能，例如海事部门的航线管理，交通港务部门的岸线管理，水利部门的滩涂管理，国土部门的无居民海岛管理，农林部门的山林管理等，在历史上舟山多个无居民海岛发放有林权证、无居民海岛证，这些权证作为利益相关的重要凭证成了无居民海岛合理开发利用活动的"拦路虎"；在开发过程也需要受规划、住建、国土、林业、渔业与海洋等部门的管理。与此同时，目前各部门均从自身行业角度处理问题，部门之间缺乏协调统一和信息共享机制，使得无居民海岛开发时掣肘较多。

（2）开发无序导致生态破坏严重。无居民海岛地理环境独特，生态系统脆弱，但从开发现状来看，无居民海岛利用的随意性较大，缺乏针对性的开发利用和保护方案。开发方的环境保护意识差，常见的渔业生产、港口建设、旅游开发等活动对海岛原始的地形地貌造成了严重的破坏，尤其是石料开采、垃圾倾倒和有毒有害物质的填埋使海岛及其周围生态环境日益恶化❶。

（3）开发层次较低，缺乏针对单岛的保护方案。无居民海岛大都离有居民岛较远，经济基础差，水电不通，海岛产业以粗放式为主，开发的深度及广度不够。海岛开发时尽管有省一级的保护规划方案，但是针对单岛却缺少开发保护方案，生产模式单一，无法开展规范化的统一管理，难以形成具有一定规模的开发形式。

（4）海岛开发困难估计不足，开发成功率低。从近十年的无居民海岛开发利用活动来看，大部分无居民海岛的开发利用伴生于政府的围填海活动或用于港口物流，而围填海开发行为常常导致海岛的灭失，属于不可再生型的开发方式；一些条件相对较好的海岛虽有开发者看好，但也经常因为海岛基础设施薄弱，需要开展海洋环境评估、管线路由勘测、海域使用论证、通航安全论证等，甚至还要铺设海底电缆和输水管道、建造专用码头等基础设施建设，资金成本要求非常高，从而因投资巨大而造成"烂尾"现象，许多海岛上都存有废弃的旅游设施，浪费比较严重❷。

---

❶ 黄琳，黄波. 岱山县无居民海岛开发现状、问题及管理对策［J］. 中国渔业经济，2012，30（5）：151~156.

❷ 谢立峰. 舟山无居民海岛开发利用现状调查及评估［D］. 舟山：浙江海洋学院，2011.

（二）浙江省无居民海岛开发利用现状

1995 年出版的《浙江海岛资源综合调查与研究》显示：浙江省海岛总数为 3061 个，其中无居民海岛 2883 个，有居民海岛 178 个。其中，嘉兴市、宁波市、舟山市、台州市、温州市海域分布有岛屿 29 个、527 个、1383 个、687 个、435 个，相应海岛面积为 0.7 平方千米、254.1 平方千米、1256.7 平方千米、271.5 平方千米、157.4 平方千米；经本次海岛甄别与复核调查，截至 2007 年年底，全省海岛总数为 2878 个，其中无居民海岛 2639 个，有居民海岛 239 个。截至 2007 年年底，浙江省无居民海岛的海岛总面积约为 106.27 平方千米，其中陆域总面积约为 76.93 平方千米、海岛周围的潮间带滩涂面积约为 29.34 平方千米（位于大陆滩内的海岛，因滩地无法分割计算而未统计）；海岛海岸线总长为 1472.7 千米。浙江省无居民海岛虽数量众多（居全国首位），但岛屿普遍较小，以陆域面积不足 1.0 平方千米的微型岛屿为主，岛均陆域面积仅 0.029 平方千米，岛均岸线长 558 米。其中，陆域面积在 1.0 平方千米以上的仅有 3 个，包括大平岗岛、长崎岛和南山岛，以大平岗岛为最大，占无居民海岛总数的 0.1%，其合计面积约为 3.379 平方千米，占无居民海岛陆域总面积的 4.4%；而面积不足 0.01 平方千米的海岛有 1814 个，占总数的 68.7%，其合计面积仅为 4.96 平方千米，仅占无居民海岛陆域总面积的 6.4%❶。

若论单个海岛面积分，5 平方千米以上海岛共 42 个，不足 0.01 平方千米海岛占总量的 62.46%❷。其中，1990~2007 年全省共有 583 个无居民海岛得到了不同程度的开发，约占原有无居民海岛总数的 20.2%，主要存在两类开发：一是因围填海工程、城镇建设与临港产业开发等需要，改变了无居民海岛属性的有 294 个岛屿；二是仅局部进行了基础设施工程、海洋旅游和海洋农业等开发，有 289 个岛屿❸。

纳入《浙江省重要海岛开发利用与保护规划》的 100 个重要海岛之中有居民海岛 92 个、无居民海岛 8 个，约占全省海岛总数的 3.5%，分布于大陆近岸海域，以宁波—舟山近岸海域和岱山—嵊泗海域为主，分别隶属于宁波、舟山、台州、温州、嘉兴市，涉及 17 个沿海县（市、区）。这批重要海岛总面积（含玉环岛）为 1819 平方千米，占全省海岛总面积的 96%；岛屿滩涂总面积 313 平方千米，占全省滩涂总面积的 78%；岛屿岸线总长 2470 千米，占全省海岛岸线总长的 53%。首批无居民海岛名录中，浙江共有 31 个，其中宁波 3 个，温州 7 个，舟山 10 个，台州 11 个。

---

❶ 《浙江省人民政府关于浙江省无居民海岛保护与利用规划的批复》．
❷ 李德潮．中国海岛开发的战略选择［J］．海洋开发与管理，1999（4）：22~26.
❸ 马仁锋，等．浙江省无居民海岛综合开发保护研究［J］．世界地理研究，2012（4）：67~76.

（三）舟山市无居民海岛开发利用现状

舟山市无居民海岛数量众多，截至 2017 年年底，全市共有海岛 2091 个，占全省总数的 47.9%；平均大潮高潮线面积在 500 平方米以上的海岛有 1414 个，其中无居民海岛 1160 个，占总数的 82.04%。其中，定海区 82 个，占全市无居民海岛总数的 7.08%；普陀区 399 个，占 34.39%；岱山县 350 个，占 30.17%；嵊泗县 329 个，占 28.36%。这些无居民海岛大多拥有良好的自然环境和自然资源，部分已进行不同程度、不同类型的开发利用。同时，国家海洋局发布全国首批可开发利用无居民海岛名录，176 个海岛列入该名录，舟山占 10 个，其中旅游娱乐用岛 5 个，交通运输用岛 3 个，工业用岛 1 个，公共服务用岛 1 个。无居民海岛保护与开发潜力不容小觑。

1. 开发现状

按照"无居民海岛用岛类型界定"中的用岛类型划分以及《调整海域无居民海岛使用金征收标准》（财综〔2018〕15 号），我国无居民海岛开发保护共有 9 类，分别为：旅游娱乐用岛、交通运输用岛、工业仓储用岛、渔业用岛、农林牧业用岛、可再生能源用岛、城乡建设用岛、公共服务用岛、国防用岛。目前，舟山在以上类型中的无居民海岛中大多有了很好的尝试，这些开发形式走在了全国前列。

据调查，全市共有 394 个无居民海岛进行了不同形式的开发利用，总面积 17194773.95 平方米，岸线总长 349047.75 米。从开发类型来看，公共服务用岛为主的有 208 个，农林牧渔用岛为主的有 63 个，交通运输用岛为主的有 28 个，渔业用岛为主的有 12 个，旅游娱乐用岛为主的有 12 个，工业用岛为主的有 11 个，其他用岛有 60 个。从开发利用方式来看，基本没有改变地形地貌的有 151 个，完全没有改变地形地貌的有 225 个，炸岛和填海连岛的有 16 个，其他 2 个。

舟山市已开发的分县（区）无居民海岛情况一览表，见表 2-3。

表 2-3 舟山市已开发的分县（区）无居民海岛情况一览表

县区	数量/个	确权面积/万平方米	岸线长度/千米
定海区	71	207.84	4.83
普陀区	107	279.73	7.39
嵊泗县	87	426.98	8.51
岱山县	129	804.92	14.17
全市	394	1719.48	34.90

资料来源：舟山市海洋与渔业局整理统计。

（1）填海连岛工程。出于港口、渔业和临港产业等发展的实际需要，近年来舟山市开展了较大规模的围海造地和填海连岛，一些无居民海岛作为筑堤促淤、围海造地的固定基点或"靠山"而被利用。经过填海、筑堤，使无居民海岛成为堤连岛、堤内岛，有些成为有居民海岛的一部分，有些则成为新的、更大的无居民海岛，为舟山社会经济的发展起到了积极的作用。据统计，全市开发利用这类无居民海岛的共有 100 个，主要分布在洋山港填海区、马迹山围垦工程区、小长涂岛双剑涂围垦区、鱼山岛围垦区、舟山岛北部钓梁、钓浪围垦工程区、衢山岛周边围垦工程区，其他用于城市建设或配套的主要分布在山外山岛、朱家尖岛北部（小远松毛礁）。由于宕口采石倒渣及其他原因相连的 8 个，主要分布在洋山（双连山）、泗礁海域（前小山）等。除以上填海造地用岛外，还包括旅游填海连岛 1 个，即普陀区茶壶甩岛（又名菜花山岛，现成为莲花岛），由于朱仁民建设海洋雕塑公园，将莲花岛与陆地相连。垃圾填埋用岛 2 个，开展团鸡山与栋槌山相连，用于垃圾填埋场处理❶。

填海造地项目用岛见表 2-4。

表 2-4　填海造地项目用岛❶

序号	围填海区域	具体无居民海岛	海岛用途
1	洋山港填海区	大乌龟岛、小乌龟岛、颗珠山、蒋公柱岛、锦鸡岛、镬盖档岛、将军帽岛、大垃塌岛、大岩礁、小岩礁、大指头岛、中门堂岛、西门堂岛、薄刀嘴岛、老鸦嘴岛、小洋山、黄礁、沈家湾岛	工业用岛
2	马迹山围垦工程	中柱山、门峡小山、中中柱山、大旗杆山、鸭脚板礁、马肾丸岛、宫山嘴岛	工业用岛
3	小长涂岛双剑涂围垦	磨盘山、切段山、双礁	工业用岛
4	舟山岛北部钓梁、钓浪围垦工程	卒山、菜花山、牛头山、小梁横山	工业用岛
5	衢山岛周边围垦工程	和尚嘴礁、中泥螺山、外泥螺山	工业用岛
6	山外山岛	大蒲头岛、对港山	基础设施用岛
7	朱家尖岛北部	小远松毛礁	基础设施用岛
8	鱼山岛围垦工程	峙岗山屿、渔山小山屿、黄沙礁、外鱼唇北小岛、外鱼唇北大岛、无名峙岛、外鱼唇礁、中鱼唇礁、里鱼唇屿	工业用岛

❶ 谢立峰. 舟山无居民海岛开发利用现状调查及评估［D］. 舟山：浙江海洋学院，2011.

（2）公共服务用岛。20 世纪以来，随着舟山经济社会发展加快，交通、能源等基础设施工程建设较快，利用无居民海岛架设跨海电线铁塔、跨海大桥桥墩等情况较为普遍。此外，为满足港口通航需求，在相当多的无居民海岛上建设了灯塔、灯桩等导航设施。据初步调查，在全市现状无居民海岛中（不含填海造地连岛而已被注销和转为有居民海岛的岛屿，下同），用于航标建设共有 128 个，主要分布在船舶航行密度较高的航道、海域。按行政区划分：定海区 26 座，普陀区 32 个、岱山县 42 个、嵊泗县 28 个。按所在航道主要分布在螺头水道（紫微半洋礁，鸭蛋山屿、洋螺山屿、大桶山、小团鸡山、干山等）、马岙港区进港航道（瓜连山岛、小瓜连山岛、干览凉帽山屿、粽子山屿、癞头礁、秀山青山岛、小长山、小团山屿）、金塘水道（捣杵山岛、大黄狗礁、小黄蟒屿、小菜花山屿）例如虾峙门航道（大前门屿、黄豆礁、虾峙外长礁、小马足礁、夫人山、鲨尾礁等）、洋山进港航道（白节山、外马廊山岛、小半边山岛、白节半洋礁、西马鞍岛、虎啸蛇岛、筲箕岛等）。由于舟山水道众多，因此一些小型水道也均有灯桩等导航设施设立在附近无居民小岛上。总体而言，航标等导航设施在舟山无居民海岛开发利用中较为最常见，达 32.5%。

灯塔、灯桩、铁塔（电力铁塔和移动信号铁塔）等公共服务设施建设，电力铁塔 26 个，主要分布在舟山岛南部的普陀、定海海域，主要是宁波到舟山 220kV 输电工程、舟山本岛至各有居民海岛的输电工程。宁波航标处管辖的位于舟山海域的灯塔共 19 座，分别在小长山岛、下三星、小衢山、半洋礁、海礁等。此外，有些则成为坟墓集聚地，如普陀的小蚂蚁岛、定海的小凤凰山。

（3）渔业用岛。舟山海域星罗棋布的无居民海岛在为各种鱼类提供栖息、繁殖场所的同时，也为海洋渔业提供了基地。得益于良好的海域条件，一些面积较大又近邻大岛的无居民海岛成了海水（池塘）养殖的基地。主要有岱山的畚斗山岛、下川山岛、小皎山岛、双子山岛、三星山岛、蚊虫山岛和定海的担峙岛、茶山岛。畚斗山岛位于秀山岛的西面，岛上建有房屋，并以此为依托发展网箱养殖；下川山岛位于衢山岛的北面，岛上建有码头、房屋，从事滩涂、浅海养殖；担峙岛、茶山岛近邻临城新区，建有海水养殖塘，进行海水养殖，其中担峙岛约有养殖塘，主要养殖虾、蟹类；茶山岛养殖塘，由于常年缺乏资金投入，目前养殖塘非常简易。此外，还有 9 个无居民海岛由于地处海洋渔业捕捞场所或附近海域，通过在岛上搭建临时性设施，作为渔业定置张网作业区以及在鱼汛期有张网渔民的临时居所，主要分布在嵊泗壁下山附近，对海洋捕鱼业也起到重要的支撑作用。

（4）旅游娱乐用岛。近年来，随着海岛旅游业的蓬勃发展，以海岛观光、休闲、度假为主题的旅游活动逐步兴起，带动了一批无居民海岛的开发利用。此类岛屿共有 49 个，分别为海钓休闲旅游用岛 13 个，主要有嵊泗县的淡菜屿、浪岗西奎山岛、浪岗东奎山岛，岱山的蚊虫山岛、海横头岛、楠木桩岛、小西寨岛、南园山岛，普陀的黄胖山岛、北葡岛、石柱山岛、蛋山岛、北鸡笼山岛等，其中蚊虫山岛上建有基础设施，可海钓、烧烤。佛教资源旅游用岛 5 个，即嵊泗的圣姑礁岛，位于大洋山岛的北面，岛上有娘娘菩萨庙，附近渔民出海捕鱼前，都会上岛拜祭娘娘菩萨，祈祷菩萨保佑渔民出海平安、满载而归；普陀山上西方殿礁、南方礁，上有南天门等景区；新罗礁、小新罗礁上有不肯去观音院、观音跳等景区，是组成普陀山旅游景区重要部门；普陀区六横南侧有海岛旅游度假用岛 31 个，经营内容包括旅游、度假、休闲、娱乐、体育运动场所及附属设施建设，现以生态保护为主，主要分布在六横岛东南海域，已经或拟将这些无居民海岛建设成为海洋旅游度假区。

（5）工业仓储用岛。岱山拥有建设船舶制造与维修基地的天然环境与良好条件，深水岸线众多，港口资源优良。一些修造船企业如金海重工、常石集团、浙江东邦修造船有限公司、中基船业有限公司等利用无居民海岛作为基点或者连接点，进行围海造地。目前，全县有些海岛因与有居民岛相连而消失，多数在围海造地后，海岛以及围填海域成为企业厂区，如长涂镇的郭家屿岛、高亭江南的荞麦格子山岛等❶。一些无居民海岛以其优良的深水岸线，发展成为中转仓储海岛，如舟山绿色石化基地填海工程峙岗山屿等 9 个无居民海岛。此外，舟山多个无居民海岛作为储油基地。还有些岛上石料资源丰富、质优，储量丰富，逐渐被开发进行石料开采和加工，如嵊泗的小山塘南屿、前小山岛、东垦山岛、桥梁山岛等；秀山岛附近的青山岛。桥梁山是一个面积不足 0.1 平方千米的无居民小岛，20 世纪 90 年代，该岛被当地政府以每年 2000 元的价格出租给采石企业。短短几年后，桥梁山大部分山体已被挖空。

（6）交通运输用岛。有些因区位和港口条件良好，且又近邻航道、锚地等，被用来发展与港口相关的产业，如嵊泗的大铁饼山岛船舶修造基地、普陀的虾峙馒头山屿船舶修造基地、铜钱山屿油口储运基地。还有一些无居民海岛则满足路桥建设需要而铺设公路、架设桥墩，目前共有桥墩 9 个，分别为西堠门大桥的老虎山岛、新城大桥和新城二桥的担峙岛、绿华大桥的栏门虎礁、秀山大桥的明礁、瓦窑门山、岱山江南大桥的横勒山、牛轭山、小干二桥的茶山岛。

（7）可再生能源用岛。位于岱山秀山岛南部海域的大平山岛上，世界首台"3.4 兆瓦 LHD 模块化大型海洋潮流能发电机组"首批 1 兆瓦发电模块于 2016 年 7 月 27 日顺利下海发电，同年 8 月 26 日成功并入国家电网，实现大功率发电、

---

❶ 黄琳，黄波. 岱山县无居民海岛开发现状、问题及管理对策［J］. 中国渔业经济，2012，30（5）：151~156.

稳定发电、并入电网三大跨越。自 2017 年 5 月 25 日开始，该机组实现全天候连续发电并网运行，是目前世界上唯一一台实现全天候连续运行的兆瓦级潮流能发电机组。该岛屿成为我市可再生能源用岛的典型。

2. 开发形式[1]

（1）多个开发主体。根据调查数据显示，一岛多用主要有两种情形。一是有两个或两个以上的开发主体共同在一个岛上进行开发活动，每一个开发主体都有自己的开发范围，界址点明确。无居民海岛上，既有林权证又有灯塔，例如定海的小团鸡岛、十六门馒头岛等，岛上均有林权证，也建有灯塔；定海的和尚山岛，岛上既建有舟山至宁波 220kV 的电力塔，又建有一个简易的水泥码头。开发利用情况多的，如定海的西担峙岛，岛上有养殖塘，有废弃的盐田、管理用的房屋、简易码头、无居民海岛庙（废弃）、新城大桥桥墩等。

较为典型的案例，有居民海岛周边的无居民海岛，当地村民在无居民海岛上建造自用坟地。舟山地处海岛，人多地少的矛盾十分突出，村民祀祭亡灵的需要到邻近的无居民海岛上建设坟地，这种用岛类型数量不多，规模最大的为普陀区小蚂蚁岛。该岛面积约 33 余亩，已整岛林业确权，在岛上已建造了上百座坟墓及管理用房、一座简易码头。此种形式的无居民海岛开发利用，不论是管理，还是开发主体的认定均较为困难。

（2）多个开发形式。目前，在批准围填、筑堤相连无居民海岛上搞项目开发，将无居民海岛作为围填海形成陆域的一部分，而整个围填海工程又作为临港工业的无居民海岛，建设相应的码头、厂房等设施。例如，岱山的荞麦格子山、野老鼠山、小老鼠山均为围填海工程的一部分，并在原无居民海岛上建设相应的船坞、码头、厂房等。开发者在围填、筑堤时已缴纳了"填海海域使用金"的海岛使用金，竣工验收后，所有的围填海无居民海岛（包括原无居民海岛）发放无居民海岛证。

二、我国无居民海岛收储开发实践

近年来，我国海洋经济快速发展，部分社会资本由陆域向海洋转移，海域、海岛等海洋资源价值日益受到关注。尤其是无居民海岛开发利用上升为国家战略后，沿海地区对海岛的开发热情急速升温，也为沿海各省海洋经济发展注入了活力和动力。无居民海岛是一种重要的国有资源，所有权属于国家，因此无居民海岛的开发利用应当依法取得使用权。随着我国市场化进程的不断深入，《全国海洋经济发展"十三五"规划》提出："我国加快推进无居民海岛有偿使用进程，建立完善无居民海岛有偿使用相关制度，鼓励沿海各省结合实际探索推

---

[1] 谢立峰. 舟山无居民海岛开发利用现状调查及评估 [D]. 舟山：浙江海洋学院，2011.

进经营性用岛市场化方式出让"。各地政府纷纷尝试无居民海岛使用权出让由审批制向市场化方式过渡，招标、拍卖、挂牌等市场化运作方式备受关注。通过招标、拍卖或挂牌等方式有偿出让海岛使用权的前提是评估海岛价格，确定科学合理的招拍挂底价有利于体现海岛资源的市场价值，完善海岛稀缺资源的市场优化配置制度，促进海岛使用权市场化交易进程，有效实现国有资产保值增值。

（一）广东省无居民海岛收储开发

随着广东省海洋经济发展，其无居民海岛利用的深度和广度进一步加大，相关政策的作用开始凸显，但经济效益型无居民海岛无人问津、生态保护型与生态修复型无居民海岛遭严重破坏、海洋权益型无居民海岛亟需保护等问题严重。2015 年广东省加快了无居民海岛开发和管理力度，2017 年出台了《广东省人民政府办公厅关于推动我省海域和无居民海岛使用"放管服"改革工作的意见》，明确了无居民海岛有偿使用制度，推行市场化配置海域、无居民海岛资源，加强了开展海域、无居民海岛收储管理，提出"建立海域、无居民海岛收储制度，对以下海域、无居民海岛实行政府收储，作为开发利用储备：未确权海域自然淤积形成陆地的；未经批准或者骗取批准、非法填海形成的陆地，被责令退还或依法没收，且符合海洋功能区划的；经批准使用、无正当理由闲置或者荒废满两年的；其他纳入收储计划的海域、无居民海岛。对于纳入收储计划且无违法违规情形的已确权海域、无居民海岛，依法通过补偿、安置、置换等方式理顺权属关系，保护使用权人的合法权益"。

广东省在无居民海岛价值评估体系架构上积极有为，并且制定了海域海岛储备的管理办法和出让流程。2016 年年底我国首部市场化无居民海岛使用权价值评估省级地方标准——《无居民海岛使用权价值评估技术规范》（以下简称《规范》）正式发布，该规范由广东省海洋与渔业局编制，旨在科学、合理、高质量地利用好无居民海岛，保护好海岛生态环境。

（二）福建省无居民海岛收储开发

福建作为海洋大省、海岛大省，无居民海岛众多，国家首批开发利用无居民海岛名录中福建占 50 个。在开发无居民海岛上，福建省也走在前列，较早在全省范围内要求成立海域海岛储备中心，国家发改委批准的《福建省海洋经济发展试点工作方案》指出：完善海洋资源有偿使用制度，探索建立统一、开放、有序的海洋资源初始产权有偿取得机制，建立健全海洋资源产权交易平台和海洋资源价值评估体系。中共福建省委、福建省人民政府《关于加快海洋经济发展的若干意见》（闽委发〔2012〕8 号）：完善岸线、海域、无居民海岛等海洋资源有偿使用制度，建立健全海洋资源价值评估体系，推进海洋公共资源交易平台建设，成立"海域和无居民海岛使用权交易和流转服务中心"。中共福建省委、福建省人民政府《关于印发全省重点领域改革方案的通知》指出：开展海域资源市场化配置，探索填海项目和无居民海岛开发利用的招拍挂政策，积极推进海域使用储备制度，修订完善海域使用补偿机制。在 2014 年出台的《福建省人民政府关于进一步深化海域使用管理改革的若干意见》（闽政〔2014〕59 号）指出，加快推进海域海岛资源市场化配置，实施海域海岛使用招拍挂，建立海域收储制度。沿海各设区市要借鉴土地收储的做法，组建海域收储中心，负责海域收储工作，编制海域收储年度计划，报同级人民政府批准。对纳入收储计划的海域海岛资源，可以通过补偿、安置、置换等方式，收回海域海岛使用权，以"净海""净岛"方式出让使用权。纳入收储计划的海域海岛资源，经依法登记后，可以作为抵押物向金融机构申请贷款。福建全省多地在无居民海岛收储上进行探索性试验，其理顺了无居民海岛的审批流程、开发流程，相继出台了《福建省海域收储管理办法（试行）》（闽海渔〔2015〕191 号）《福建省无居民海岛使用申请审批试行程序》《无居民海岛使用金征收使用管理办法》，为无居民海岛使用申请审批奠定基础。2015 年宁德莆田市先行先试开发无居民海岛，制定了《莆田市海域海岛储备管理办法（试行)》，积极推行海域储备试点工作。

（三）浙江省无居民海岛收储开发

浙江省在全国无居民海岛开发中走在最前列。"十二五"以来，浙江省相继制定了《浙江省无居民海岛保护与利用规划》和《浙江省重要海岛开发利用与保护规划》等规划，在全国率先以规范性文件的形式确立了海域使用基准价评估、使用权属地登记、经营性用海招拍挂出让等管理制度；探索建立了无居民海岛价值评估、使用权出让竞价等市场化机制，实现了全国首个无居民海岛使用权拍卖，海洋空间资源市场化配置不断规范。"十二五"期间，全省确权海域面积 28871 万平方米，有效保障了沿海经济社会发展的用海需求。在海域海岛开发上，省人大常委会制定颁布了《浙江省海域使用条例》，明确凭海域使用权证可直接办理基本建设项目的相关手续。舟山市设立了港口岸线和海域海岛使用权储备（交易）中心，象山县设立海洋资源管理中心。沿海市县开展了海域使用权证书抵押贷款工作。浙江省发放了全国第一本无居民海岛使用权证（象山旦门山岛），举办了全国第一场无居民海岛使用权公开拍卖活动（象山大羊屿岛）。

三、我国无居民海岛收储开发存在的问题

由于无居民海岛收购储备制度是一项全新的制度，建立无居民海岛收购储备

制度需要对法律政策问题、现实收储问题、历史遗留问题进行全面的梳理，才能更好地开展收储工作。

（1）无居民海岛收储的法律依据问题。对无居民海岛实行收购储备，实行"统一收购、统一储备、统一供应"的做法，在现行的法律法规中确实是难以找到具体的依据。2010年3月实施的《中华人民共和国海岛保护法》对政府如何建立无居民海岛储备制度，行使无居民海岛统一收购权也没有明确规定。2016年、2017年、2018年国务院和国家海洋局下发的文件，也只对无居民海岛有偿使用提出指导性的、原则性的意见，对无居民海岛储备制度也没有进行全面系统的阐述。地方无居民海岛储备制度能够在较短时间内建立并产生较好的效果，主要取决于政府领导，特别是主要领导的重视和支持。因此，如何提高无居民海岛储备的法律地位，建立无居民海岛储备的法律体系，是无居民海岛储备制度健康发展的基础。如果无居民海岛储备制度的法律依据仅仅停留在政府规章这一层面上，在与其他法律法规的衔接时就会出现法律地位不足的现象。同时，还会出现因政府领导的变动而发生波动。一旦衔接不好，就会增加无居民海岛储备的运作成本。无居民海岛储备制度的建立是一项制度创新，还要与其他的法律法规衔接，亟需要提高其法律地位，来支持制度的建立和运作。

（2）无居民海岛收储运作主体的确定问题。由于无居民海岛储备制度是一个以无居民海岛为对象，以资金为纽带的管理运作制度，无居民海岛的综合属性决定了无居民海岛储备制度的综合性。在无居民海岛运作过程中，涉及规划、财政、海洋与渔业、环保等相关政府职能部门，部门之间的协作成本直接关系到无居民海岛储备制度的运作成本。因此，站在政府角度来看，就必须创造一种合理的无居民海岛储备运作体系，来加强部门之间的协作，降低无居民海岛储备的运作成本，使政府以相同的资源、资金投入获得最大的收益。按照舟山、莆田等地当前的两级管理模式，成立市海域海岛收购储备领导小组作为全市无居民海岛储备的领导和协调机构，建立市海域海岛储备中心作为无居民海岛储备的实施机构，明确市海洋主管部门作为市海域海岛储备中心的管理机构。这种模式，在制度建立初期曾起到很好的作用，既统一了部门之间的思想和行动，也加强了对全市无居民海岛储备工作的领导和管理。但从目前效果看，海域海岛储备工作越来越成为海洋主管部门的工作。工作有联系的不同部门承担着明显不同的责任，本应共同承担责任的部门，往往把责任交给海洋主管部门一家。无居民海岛储备的主体地位弱化，部门之间的责任不清，尚未形成协同作战的格局。政府无居民海岛储备的主体地位进一步强化能为完善无居民海岛储备制度提供保障。

（3）无居民海岛收购储备职能部门间的协调不足。在中国进行无居民海岛储备的时候，需要市委、市政府以及相关部门的配合来实现，但是这些部门在进行无居民海岛储备的时候，却没有很好的配合，部门和部门之间没有进行很好甚至没有进行沟通，这就导致了无居民海岛储备的过程会繁琐许多，效率低下，容易造成麻烦。就无居民海岛申请而言，就需要经过规划、海洋、财政、住建、环保等，需要的时间长且经过的部门多，不利于效率的提高。因此，提高无居民海岛收购的储备职能部门之间的配合和协调能力同样是非常重要的。海域海岛储备机构很少组织一些专业的培训，这导致了其工作人员的业务能力弱，业务不够熟练，从而使得运行存在问题，也影响了他们的工作效率。

（4）无居民海岛海岛运作的风险控制问题。无居民海岛储备制度从运作的过程和实际效果来看，包含了无居民海岛资源管理、无居民海岛资产管理和无居民海岛资产经营三个层面，所以对无居民海岛储备制度的理解和认识不能仅仅停留在管理面上，要增加经营方面的认识，特别是对经营主体、经营方式、经营目标考核和经营风险控制、无居民海岛储备资金筹措和运作等尚需进一步细化。就风险来说，当前无居民海岛储备制度存在的风险主要有资金筹措风险、金融风险、经营风险等。在当前资金短缺时期，单纯依靠政府或银行贷款来解决无居民海岛储备所需资金是不现实的，需要多渠道筹措资金。此外，在实际运营中，能否形成一套不同于单纯行政管理的运作机制、目标体系和评价体系，减少政府不必要的干预也是加强无居民海岛储备风险控制的有效手段。

（5）无居民海岛储备的利益分配问题。在《海岛保护法》出台前，由于对无居民海岛缺乏科学规划和统一管理，政府曾将原划拨给企业或个人的无居民海岛及其部门权属交给企业或个人处置，这种模式往往是政府或村委会为收取租金或相关费用而采取的政策。在此情况下，全面开展清理整治的工作成本高、难度大，且土地证、林权证、矿产证、滩涂证、渔民养殖户的权属主体转换和利益补偿等历史遗留问题如不能得到妥善解决，将对无居民海岛后续开发利用和保护带来不利影响。建立无居民海岛储备制度后，企业或个人使用的不具有合法性的无居民海岛，由政府统一收购，政府向企业或个人支付无居民海岛收购补偿费❶。无居民海岛收购价格采取按评估价格的开发成本部分、协商价格等方式确定。这一做法应该说有一定的现实意义，具有较强的可操作性，但也反映出对无居民海岛收购价格的实质缺乏全面的认识。从我国目前建立的近 10 家海域海岛储备机构的运作来看，对无居民海岛收购价格尚未形成统一的认识，还是停留在摸索阶

---

❶　石海莹，等．海南省无居民海岛开发利用现状及管理对策浅析［J］．海洋开发与管理，2013（6）：59~62.

段。对无居民海岛收购价格的确定实质上是政府、使用者和海域海岛储备实施机构三者之间如何合理分配无居民海岛利益。因此，改革的核心实质上是利益的再分配。如何准确界定无居民海岛收益的构成，合理分配政府、企业和无居民海岛储备实施机构三者之间的利益，是建立和运作无居民海岛储备制度的核心问题。

第三章
国外无居民海岛收储开发实践与经验

无居民海岛收购储备制度是无居民海岛有偿使用制度的配套措施，也是无居民海岛开发利用的基本制度。随着海洋在人类社会发展中的地位越来越重要，尤其是《联合国海洋法》实施后，国际社会和沿海海洋国家都将目光投向海洋，围绕岛屿权益的矛盾与争夺也越来越突出。无居民海岛自成一体，有自己相对独特的生态环境系统，并且非常脆弱，一旦被破坏或损害就难以恢复。一些无居民海岛往往是国家的一个领海基点，一旦受损破坏严重，将直接损害国家的海洋权益。因此，各个国家在无居民海岛开发上相对比较谨慎，只对内海区域的无居民海岛进行开展。本章我们重点介绍国外无居民有偿使用制度，特别是无居民海岛收购储备制度，为我国无居民海岛开发利用提供借鉴。

一、无居民海岛收储开发实践经验

无居民海岛遍布于四大洋，世界主要沿海国家大都拥有无居民海岛。拥有无居民海岛的亚洲国家主要有中国（包括中国台湾和中国香港）、孟加拉国、印度、印度尼西亚、菲律宾、马尔代夫、韩国、日本等；非洲国家主要有南非、肯尼亚、坦桑尼亚、马达加斯加等；欧洲国家主要有荷兰、丹麦、法国、德国、希腊、意大利、俄罗斯、西班牙、英国、葡萄牙等；美洲国家主要有美国、委内瑞拉、巴西、加拿大、智利、哥伦比亚、墨西哥、秘鲁等；大洋洲国家主要有新西兰、澳大利亚、斐济、密克罗尼西亚联邦、帕劳、所罗门群岛等大洋洲岛屿国家。另外，美、英、法、荷兰、丹麦等国分布在太平洋、印度洋和大西洋的群岛属地中，也包含很多无居民海岛❶。

世界上主要海岛国家或沿海国家收储开发海岛主要采取租赁式或者获得永久产权，最低的也是 99 年计，多数是永久产权；大多所处地带多为著名的国家海滨度假胜地范围；面积、基础设施和可开发的强度完全不一致，基础设施越完善、可开发强度越大、面积越大，它的价格就越高❷。公民个人或公司获得对无居民海岛的排他性使用权时，该海岛就被称为"私人岛屿"。尽管这种

---

❶ 孙力舟. 各国这样开发无居民海岛 [J]. 环境与生活，2011.

❷ 海南旅游海岛投资：浪大、坑深、慎行！刘杰武，博看文旅.

排他性权给予所有者对岛屿相当大程度的控制权，但该岛屿仍处在所在国家的司法管辖之下。例如，在英国、巴西、智利等国的法律中，私人岛屿并不完全归属私人独享，所有的海滩包括沙滩，都必须允许公众进入。另外，那些已经有人居住，或所有权不明的岛屿，往往不能买卖。好莱坞明星莱昂纳多试图购买的第一个斐济岛屿，就因 500 名原住民要求"收回故岛"并诉诸法庭而作罢。

世界上很多无人岛具有开发旅游或私人度假的潜能。有鉴于此，美国、加拿大、英国、荷兰、法国、瑞典、澳大利亚等国已制定了有关无居民海岛开发与保护的管理法规。

许多无居民岛屿生态系统脆弱，环保人士对相关的开发计划十分担忧。据"私人岛屿在线"网站介绍，对私人岛屿开发影响较大的环保组织有：1972 年成立的"岛屿资源基金会"、1989 年成立的"觉醒工程"、1994 年成立的"岛屿保护与生态组织"，还有"海洋生态"和"自然保护"组织。它们不仅向政府和公众宣讲私人岛屿开发中环保的必要性，还利用自身专家资源丰富的优势，提供直接的技术援助。在这些组织的呼吁下，希腊、日本等国在无居民海岛开发中优先采用风能、海洋能、太阳能等可再生能源和雨水集蓄、海水淡化、污水再生利用等技术，形成"低碳"用岛的模式❶。

近年挂牌出售的部分世界海岛见表 3-1。

二、马尔代夫收储开发模式

马尔代夫是印度洋上的群岛国家，有大小岛屿近 1200 个。在所有岛屿中，只有 207 个岛屿可以居住。2006 年，马尔代夫居民岛为 200 个，无人岛为 992 个。到 2013 年 11 月，居民岛已减至 188 个，无人岛增加到 1004 个❷。其无居民海岛资源丰富，无居民海岛产业主要是发展滨海旅游和利用丰富的渔业资源发展休闲渔业，有 105 个无人岛已开发为旅游度假场所，另有 74 个旅游岛正在开发之中❸。

1980 年起，马尔代夫依靠国外资金的援助，制定了海岛开发计划。该计划根据不同岛屿的具体情况，拟订不同的政策措施和相应的开发时间、规模和方式。近年来，旅游业已经成为马尔代夫第一大经济支柱和最大的产业，而且马尔代夫的海岛开发利用被普遍认为是一个成功的模式。

---

❶　孙力舟．各国这样开发无居民海岛［J］．环境与生活，2011.

❷　马尔代夫国家规划署．www.planning.gov.Mv//publications/statisticalnewsletter/2013/Issue2-November 2013.

❸　马尔代夫国家规划署．《统计年鉴》2013 年卷；Maldives at a Glance，April 2013 Released（2013 年 4 月发布）．

表3-1 近年挂牌出售的部分世界海岛

岛名	国家/地区	面积	挂牌价格	岛屿条件
朗艾岛 (Rangyai Island)	泰国	110英亩❶	1.6亿美元	岛上有淡水、发电机和手机信号
南瓜礁 (Pumpkin)	美国弗罗里达	26英亩	1.1亿美元	岛上有水电设施,包括12块靠近海湾的土地,有主楼、小屋、船坞公寓,可以容纳20艘游艇的大型码头,可做直升机停机坪的网球场
奥利瓦鲁岛 (Orivaru)	马尔代夫北部	34.6英亩	1400万美元	未开发,但岛上获得了建造豪华度假村和水疗中心的许可
奥姆福里岛 (Omfori Island)	希腊爱琴海	1112英亩	6190万美元	只有一座小型建筑,不过岛上可以在全岛20%的土地上建造房屋
巴哈马天堂岛 (Bahamian Paradise)	巴哈马埃克苏马群岛	38英亩	8500万美元	岛上有一座主宅和儿座客人住的小屋,居住区可供22个人生活,员工宿舍可容纳29人;主宅设有水疗中心、健身房、大型游泳池和美容院
灯塔礁 (Lighthouse Cay)	巴哈马伊柳塞拉岛 (Eleuthera) 附近	765英亩	3300万美元	未开发,拥有超过4英里的海滩,海拔高度50英尺,岛上有三个湖泊
莫蒂蒂鳄梨岛 (Motiti Island Avocado Island)	新西兰	357.7英亩	未披露	未开发
酒馆岛 (Tavern Island)	美国康涅狄格州诺瓦克 (Norwalk, Conn.)	3.5英亩	1095万美元	拥有一座建于1900年的都铎风格宅邸、管理员小屋、带客房的船库,一座茶馆和陆地车库;1651年,欧洲殖民者最先在这里定居
坎贝尔岛 (Campbell Island)	美国缅因州布鲁克林 (Brooklin, Maine)	90英亩	未披露	未开发

❶ 1英亩=0.004047平方千米。

续表 3-1

岛名	国家/地区	面积	挂牌价格	岛屿条件
大达比岛 (Big Darby)	巴哈马埃克苏马群岛	554 英亩	3500 万美元	拥有白色的沙滩，为飞机跑道留有足够的空间，岛上还拥有一座面积 7000 平方英尺的宏伟城堡。这是英国人巴克斯特爵士 (Sir Baxter) 在 1938 年建造的
希腊岛 (Greek Island)	北爱琴海	86 英亩	4330 万美元	未开发，小岛上可以开发私人别墅或酒店式住宅
利夫礁 (Leaf Cay)	巴哈马埃克苏马群岛	30 英亩	800 万美元	拥有三处海滩以及可以停泊大型游艇的深水区，这座岛礁位于博克礁 (Bock Cay) 以南，博克礁正在开发拥有高尔夫球场和住宅的专属度假村
南卡罗来纳州长岛 (Long Island)	美国东海岸	4600 英亩	2900 万美元	岛上的考古遗址出土了南北战争时期的文物，以及面积约 147 英亩、具有发展潜力的高地，可开展飞钓、观赏野生动物、乘坐皮划艇和进行单桨冲浪
圣何塞岛 (Isla San Jose)	巴拿马西部海岸的珍珠群岛 (Pearl Islands)	10873 英亩	未披露	有小部分开发
寺庙岛 (Temple Island)	澳大利亚昆士兰	21.5 英亩	60.47 万美元	拥有自己的私人飞机跑道，并且这里还有一个四居室的高地基房屋
海龟岛 (Turtle Island)	澳大利亚	23.25 英亩	405.49 万美元	岛上拥有一座 600 平方米的大房子，一个地嵌式游泳池，还有自己的私人码头

资料来源：1. 盘点 14 座挂牌出售的私人岛屿，新华社中国经济信息社中国金融信息网，网址：http://life.xinhua08.com/a/20141023/1402346.shtml? f=topnav。

2. 澳洲热带小岛挂牌出售，http://news.youth.cn/gj/201409/20140926_5781037.htm。

3. 部分参考：海南旅游海岛投资：浪大、坑深、慎行！刘杰武，博看文旅。

（一）开发上注重收储前开发整理和规划制定

1983 年，马尔代夫制定期限为 10 年的海岛开发计划。着眼于未来可持续发展的需要，计划将全国的海岛划分为北方、南方和中心三大区域；并根据不同岛屿的情况分类规划，制定不同的政策措施和相应的开发时间、开发规模和开发方式❶。目前，正在实施第二个海岛 10 年开发计划。马尔代夫开发的所有海岛均由欧美等发达国家的建筑规划设计师规划设计，并经严格的论证后报国家批准建设。国家在批准海岛开发前，由 11 个相关部门组成委员会对海岛的位置、面积、地理、地质、地貌和资源生态状况进行考察，掌握海岛的基本状况后，对海岛进行分类，经科学论证后，委员会出具建议书，交国家旅游部。旅游部门决定是否批准开发岛礁，并将有关情况，包括开发或不开发的理由知会有关部门。

（二）特别重视海岛规划❷

马尔代夫旅游业发轫于 20 世纪 70 年代，适逢西方石油危机的爆发，自那以后，全球经济持续繁荣，保持平均 3% 的年增长率，全球经济总量也由 1975 年的 15.15 万亿美元发展至 2009 年的 70.29 万亿美元。人们的生活方式与旅游观念悄然改变，马尔代夫旅游业把握住了历史机遇实现了旅游业的蓬勃发展，其独特的旅游发展之路及管理模式值得我们借鉴和参考。

马尔代夫海岛旅游业的成功，首先得益于其有完善的发展规划。马尔代夫在海岛开发过程特别重视海岛规划，每一个无居民海岛的开发，均先由一个经济主体（投资公司）向政府租赁一个无居民海岛，在海岛上建一家酒店，以完整、独立、封闭式的度假村模式经营发展。这种一岛一店"小、清、静"的开发模式取得极大成功，海岛旅游独领风骚，被称为海岛开发的"马尔代夫模式"。马尔代夫的酒店选址均为无人居住小岛，并实行"一岛一店"的原则：本国居民除在酒店做服务生以外，一般不允许登上旅游岛，游客只有通过酒店导游并使用酒店自己的游艇或专线飞机登岛或离开。

（三）多元化的海岛开发使用制度

政府允许投资基础设施及公共交通建设的开发商在无人岛兴建二星及三星级宾馆，开发中端旅游市场，以吸引更多海外旅游散客。马尔代夫在旅游总体规划中积极推进私营部门的投资，强化人力资源和文化领域开发，重视环境保护。根据马尔代夫的法律，利用国外资金开发利用马尔代夫无居民海岛，必须通过正式

---

❶ 金彭年. 海洋法律研究［M］. 杭州：浙江大学出版社，2014.
❷ 段雯娟. 马尔代夫模式："无人岛"开发典范［J］. 地球，2015 年，总第 230 期第 06 期.

的、透明的途径流入马尔代夫，而且能够大力推进无居民海岛的基础设施投资。因此，马尔代夫鼓励采用 BOT 模式开发无居民海岛的机场等服务工程❶。此外，马尔代夫政府对海岛开发实行国际招标，以争取那些有雄厚经济实力的集团来开发建设。这种做法将海岛开发的自主经营权转给企业，对岛外有实力的企业进入岛内投资很有吸引力。马尔代夫政府通常拥有酒店的产权，通过公开竞标出租经营权的方式来吸引国内外投资者，租期通常为 20～30 年。同时，政府还会就酒店经营绩效设立标准，未能达标的酒店将被关闭，或者缴纳罚金。目前，马尔代夫 80% 的酒店完全由本国资本投资，外资及合资酒店仅占 20%。但马尔代夫并不排斥外来投资者，国际知名酒店包括希尔顿、四季、香格里拉、悦榕等酒店集团都在马尔代夫开设有分店。

（四）严格的审查批准制度

马尔代夫海岛开发也实行了极为严格的审查制度，旅游部门每年组织两次对海岛旅游的监督检查，对不达标准、违反有关规范的行为进行重罚，以维护良好的海岛旅游信誉和秩序。海岛上所有建筑都须经旅游部门批准才能建设，马尔代夫著名的"三低一高"的开发原则（即低层建筑、低密度开发、低容量利用和高绿化率），根据其规定：海岛建筑面积不能超过海岛总面积的 20%，如要建造水上客房，也必需在岛屿上保留有等面积的空地。同时，当局还规定建筑物高度不得超过两层，建筑物必需距离海滩 5 米的距离，海滩部分仅有68% 的长度能被用来建造客房，20% 以公共目的予以保留，剩余的 12% 则备留作空地。也不得被砍伐，只能移植；机械化施工得到严格控制，并需经过环境影响评估。此外，旅游部门的职责还包括代表国家对外出租海岛、组织审查海岛开发规划和海岛开发建设的布局、制定滨海旅游法规，以及旅游业的日常监督管理❷。由于旅游业对马尔代夫举足轻重，该国还成立了由旅游、渔业、交通等部门组成的国家旅游委员会，来负责无居民海岛的开发与管理。

（五）十分重视海洋环境保护

马尔代夫纯白的沙滩是当地人认真保护和精心管理的结果。每天清晨，各酒店的工作人员就会清扫沙滩，收集废弃物，将废弃物包装好，再运到其他岛屿。为了扩大植被覆盖率，马尔代夫在海岛上广种花草树木，并规定项目施工时尽可能地保留原有的树木。马尔代夫在植树时尽量选择本地树种，如榕树、椰树、羊角树、棕榈树等。海岛的基础设施也十分健全，每个海岛上都建立了污水处理

---

❶ 朱孟进，刘平，郝立亚. 海洋金融——宁波发展路径研究［M］. 北京：经济管理出版社，2015.
❷ 孙力舟. 各国这样开发无居民海岛［J］. 环境与生活，2011.

站，将酒店产生的各类污水集中到污水处理站，通过曝气氧化沉淀、活性污泥等方法进行处理，处理后的水还可以浇灌花草树木，节省了淡水的使用量（林鸿民，2001）。早在 1984 年，马尔代夫还成立了国家环境保护委员会，实行细致的环境管理，包括珊瑚岛、暗礁、海洋和陆地环境都有对应的严格保护措施。

为应对气候变化对马尔代夫带来的威胁，马尔代夫政府与国家规划和发展部采取了多项措施：制定了第一部《国家环境行动方案》，限制对自然资源的过度开采。在马尔代夫经济战略计划中提出建立一个高标准的环境保护系统，以维持和保护生态环境，保持旅游业的持续增长。同时，马尔代夫还建立了岛屿度假村开发和管理的环保标准，并对在旅游业中就业的村民进行培训。

三、澳大利亚收储开发模式

澳大利亚是地球上唯一占据一个大陆的国家，面积居世界第六位，是南半球最大的国家。它除占据整个澳洲大陆外，还包括沿海的塔斯马尼亚等一些岛屿。澳大利亚总面积为 768.23 万平方千米，其中澳洲大陆面积为 761.45 万平方千米，沿海岛屿面积为 6.78 万平方千米。

（一）无居民海岛资源保护与管理

澳大利亚政府比较重视无居民海岛资源的保护与有序管理的问题，2002 年设立赫德岛与麦克唐纳群岛海洋保护区，面积达 6.5 万平方千米，保护区陆地部分由赫德岛、麦克唐纳岛、Shag 岛、Meyer 礁和 Drury 礁等组成。该保护区的重要保护意义得到了国际的认可，这两个群岛陆地和海洋的生态系统具有独特的南大洋特征。保护区水域营养特别丰富，孕育了很多珍稀物种，如珊瑚、海绵藤壶和棘皮类动物等，是鸟类和动物重要繁殖栖息地。两个群岛是有着极高的生物研究价值，许多濒危物种候鸟和两岛上特有鸟类也都栖息于此。另外，19 世纪、20 世纪的航海活动以及南极探险活动都在赫德岛上留下了大量重要的文物和遗址。

澳大利亚大堡礁之美闻名于世。1975 年澳大利亚宣布大堡礁为国家海洋公园，授权独立的管理局管理整个大堡礁区。议会法案规定了海洋公园的管理责任。三人独立管理局由一名常务主席、一名昆士兰州代表和一名具有科学背景的指定人员组成。管理局的主要管理框架侧重于环保方面的工作。1966 年菲利普管理局成立，由一名任命的主席和来自公有土地部、土壤保持局、港务局和城镇规划局的代表组成。这种建立独立管理局的模式适合大岛屿的管理工作，并且要求有较为全面的授权和各方面的人员组成，同时，管理局还要依托于行政区划地方政府的协助。

为有效保护海岛资源，根据《1979 诺福克岛法》的规定，岛上设管理局。管理局是一个永久存续的实体，具有法人资格，可以自己的名义起诉或被诉；可以签订合同；可以获得、拥有或处分动产或不动产，以及享有或承担社团法人的其他权利或义务。2002 年通过的《诺福克岛保护计划方案》是在《2000 年计划法案》基础上制定的，作为诺福克岛未来开发及土地管理的框架。

（二）无居民海岛开发方式

在澳大利亚，政府向企业、单位及个人提供无居民海岛的一个重要方式也是出租。租约必须符合规划，并需要批准；如无居民海岛改变性质需事先申请，经批准后重新订立租约，如擅自改变用途，政府有权收回海岛。出租年限一般为99 年。

实行海岛资源利用开发许可制度。《劳德哈伍岛法》中规定了对岛上资源利用的开发许可制度，以及在岛上从事特定行业的审批制度，主要包括以下两个方面：（1）申请程序与审批机构；（2）对居住用地的申请与审批。根据《劳德哈伍岛法》的规定，年满 18 周岁的岛民，可以申请获得皇室领地中的 2 万平方米空地作为居住用地，也可以由 2 名以上的岛民作为联合或共同承租人。对这种居住地的租用，以法定的方式向委员会提出申请，由委员会提出申请，向部长提交报告，说明授予该土地与公共利益是否冲突。如果委员会认为需要，还可以在报告中建议授予被申请土地的全部或部分，或者在报告中建议批准该土地的承租权所需附加的条件。部长收到申请和委员会的报告后，可以根据委员会的建议，批准岛民承租人所申请土地的全部或其中一部分，也可以根据自己判断做出拒绝该申请的决定。即使部长批准，对此种居住用地的承租权也可附加条件，该条件应由承租或转租人遵照执行。岛民应在申请批准后的 6 个月内开始居住。经委员会建议，部长也可批准延长此期限❶。

在开发过程中，澳大利亚对无居民海岛的海岸线实行严格的保护制度。澳大利亚海岛的海岸线是绝对不允许填充的，而岛与岛之间他们会采取架桥、航渡以及空运的形式来过岛。并且如有企业在海岛上建造的建筑对周围的海洋生物发生破坏的话，将会受到政府 5 倍的罚金。

（三）所有权托伦斯登记制度

在所有权登记上，澳大利亚首创托伦斯登记制度，具有如下特点：

---

❶ 刘连明，张祥国，李晓冬. 国内外海岛保护与利用政策比较研究［M］. 北京：海洋出版社，2013.

（1）海岛土地权利一经登记后，权利人便享有不可推翻的权利，此项权利由国家或政府予以保证。

（2）在登记所有人缴纳费用中，创设一种保证基金，以赔偿由于任何错误登记而引起所有权人所蒙受的损失。

（3）登记制度开始实行后，所有私人海岛土地的一切权利均须强行登记。

（4）仅登记一种产权，而不将其分为制定法所有权与衡平法所有权的登记。

（5）已登记的海岛土地权利，以后如有转移，必须在登记簿上加以记载。

（6）登记簿必须填写两份，所有权人取得其副本。此项副本与登记处保存的正本内容必须完全一致。

（7）所有附属于已登记海岛的其他权利，另有异议方式，以资保证。

（8）用地图以辅助登记簿及其他文件说明的不足。

（9）海岛土地如设有抵押权及其他权利，则作为土地的负担登记。

（10）关于已登记海岛，以后如有处分，或设定负担，或其他种种行为，得依照法定的契约格式，订立契约❶。

四、新加坡收储开发模式

新加坡作为海岛国家，拥有 63 个海岛。近年来随着人口增长、经济发展，对于土地的需求日益增加。根据新加坡政府在 2013 年发表的土地资源规划书，为满足未来人口增长需求，新加坡政府将填海造地扩大土地面积，预计到 2030 年将填埋约 52 平方公里土地，使其国土总面积从 2013 年的 714 平方公里扩大到 766 平方公里。

（一）新的填海造陆方式

近期，新加坡在德光岛实施了新的填海造陆方式——圩田。在该项目中，拟建中的海堤长 10 公里，高于海平面，被称为圩田。圩田中建有完善的排水系统，防止雨水聚积。该工程将于 2022 年完工，预计将增加 8.1 平方公里土地。据悉，采用圩田方式进行填海造陆，借鉴于填海造陆大国——荷兰。通过建设明显高于海平面的海堤，可以开拓围海而建的土地。与传统填海造陆方法相比，这种新的方式更具成本效益。荷兰专家吉斯教授指出，圩田需要完善排水系统，建成后的维护和保养成本将比传统填海土地高。但这项技术可以最大限度减少填海所需沙土，建造成本比传统填海低很多，整体而言成本效益更高❶。

---

❶ 邓云成．新加坡：填海造陆的海岛发展模式［J］．中国海洋报，2017-2-26，第 1996 期，第 A4 版．

（二）严格海洋环境制度

在新加坡，看不到一片裸露的黄土，整个城市就是一个扩大了的花园，人与自然和睦相处。原因在于新加坡政府在旅游资源的开发和建设方面首先考虑的是是否对环境和生态造成破坏，并以此为标准进行城市发展总体规划和分区规划，对现有资源哪怕是小到一棵树都通过严格的立法加以保护，尽最大限度保持旅游资源的独有特色。国家环境发展部专门负责全国的绿化规划，在全国开展绿化活动，一切空地和水域边都种上花草树木，并向立体绿化发展，桥墩与路灯杆上均有花草盘绕，人行天桥两侧设有花槽❶。另外，政府规定，凡征用土地而闲置一年以上不开发者，都得种植苗圃或草坪。花园般的城市已经成为新加坡最有吸引力的旅游资源之一。

新加坡建屋局指出，对于环境影响问题，在 2014 年展开的环境评估研究中，已确认该工程不会显著影响德光岛周边的海洋生态。新加坡政府在工程中实施了环境监控和管理计划。对于德光岛附近乌仑岛一带的红树林，填海工程将在设计上进行调整，拟建中的海堤也会绕过该岛。

（三）出租型海岛使用方式

在新加坡，无居民海岛可以定期出租。政府将一定年期的无居民海岛使用权转让给使用者，使用者在得到政府规定使用年期的无居民海岛后，可以自由转让和转租，但年期不变。使用年期届满，政府即收回海岛，岛上建筑物也无偿归政府所有。到期后如要继续使用，可向政府申请。经批准可以再获得一个规定年限的使用期，但必须按当时的市价重新支付对价，等于第二次租岛。

五、美国收储开发模式

美国无人岛主要集中在中南美洲区域，大部分适合居住或旅游的无人岛均已经被私人购买。同时，美国人也是世界上最大的无人岛购买群体。

（一）海岛立法完善

海岛在美国并不是独立的土地子系统或者自然资源类型，因而联邦层面并没有统一的海岛专门立法，有关海岛的法律规定散见于其他相关法律法规中。这类海岛立法并不少见，但是尽管没有统一的立法，美国海岛管理体制仍十分完备。美国海岸带及其他海洋资源的主管部门是商务部下属的国家海洋与大气局，负责美国海岛资源与环境保护、海岛防灾减灾、海岛科学研究等事务，而有关海岛的

---

❶ 高建．海岛旅游开发模式探讨［D］．杭州：浙江大学，2007.

执法则由南海岸警备队负责。此外，出于海岛地区经济发展的考虑，美国海岛管理的协调机制自建立之始至今发挥着重要的作用，1999年美国成立了海岛事务跨部门管理机构（IGIA），这个部门的首要任务是和美国内务部确认与美国海岛事务有关的问题，并向总统提供制定海岛政策和措施方面的建议；其次，该部门负责和政府官员、来A海岛地区的议会议员，以及与海岛事务相关的其他官员在有关问题上进行协商。

（二）生态保护优先原则

美国在无居民海岛收储开发的立法和司法实践中也体现了生态保护优先的原则。在立法方面，美国各州法律中涉及海岸、海岛数量众多，以环境保护、海岸带管理等法律为主，仅在罗德岛州就有《罗德岛州海岸开发法》《罗德岛州油污染防治法》等几十个法律，这些法律均是把海岛作为一种自然资源类型从自然资源、环境保护等方面加以规定。美国还对一些生态系统比较脆弱的岛屿制定专门的海岛管理规划，如《威顿岛保护计划》《山姆洛克岛规划方案》等❶。

（三）无人岛开发管理

美国普遍采用出租的办法行使无居民海岛使用权。如美国田纳西河流域管理局通过出租的方式向私人转让公有海岛使用权，用于休养、避暑、划船、钓鱼以及类似的消遣娱乐活动，还通过出租的方式向公司、企业或私人转让公有海岛无居民海岛，用于建造航运码头或修建工厂、车间，建造仓库等。

在《1966年海洋资源和工程发展法》中，海岛被视为海洋环境的一部分被加以保护和管理；在财产权利方面，着眼于海岛的土地属性，海岛土地与一般土地无异，可以存在着联邦所有、私人所有等形式，有关海岛土地的权利遵循不动产法相关规定，可以转让、继承、抵押。

美国弗吉尼亚州海洋资源委员会制定的保护其沿岸的障壁岛的政策，该政策对国家安全至关重要的军事活动，或者海岸警卫队沿岸设施的施工、操作、包养或维修进行了规定。该政策规定，对新的建设项目，不论是建筑或其他活动，如有可能侵占或损害沿岸沙丘或沙滩，应申请办理许可证，申请书包括对施工场地的调查，其内容包括当地平均高潮线以上1英尺（1英尺＝0.3048米）的轮廓线、建筑物的具体位置、包括污水处理系统和排水区、建筑物规模轮廓和出入通道等；还包括一份有效地建筑许可证和废水处理系统许可证。对于重建项目，如果一处建筑物自然破坏或损坏，被当地卫生官员或建筑官员认为不适于重建，则

---

❶ 曲金良.“生态优先”观念下的无居民海岛保护立法研究综述与思考［N］.中国海洋文化报告（2014年卷）.

在原处重建可能得不到批准。该政策的规定很具体。例如，规定岛上的住宅建筑物不得高于 25 英尺（1 英尺＝0.3048 米）；道路不得穿过沙丘或湿地；车辆报废，必须从岛上移走，才能申请购买新的车辆；不得人工移动岸边沙子；不得使用抛石、石笼筐、沙袋或建丁字坝等以加固海岸，不允许建点源排放管道；不允许建防沙栅栏等影响沙子自然输送到岛上的障碍物；宠物无论何时都必须在主人的控制之下，除非由主人牵着才能离开住宅；禁止进入州渔猎部和保护与娱乐部所指定的濒危和受威胁物种的筑巢地区；不允许引进外来物种或非本地动物种植物；不得广泛喷洒农药或除草剂，除非保护公众健康或安全必要并经适当的公共卫生官员许可等❶。

美国《鸟粪岛法》主要规定美国公民对发现的鸟粪岛所拥有的先占权利和对岛上鸟粪进行商业采集利用的权利，美国政府依据该法负有保护该权益的义务直至采取一定的行动。尽管该法管理的对象是某一类特定的岛屿，但这些岛屿并不为美国所有，该法赋予美国公民的先占权利也非永久性权利，会随鸟粪的利用完毕而自然消失❶。

六、英国收储开发模式

英国是一个多岛屿国家，除大不列颠岛和爱尔兰岛北部外，还拥有 1000 多个附属岛屿，海岸线总长 11450 公里。在海岛收储与开发中有着特殊的模式。

（一）分散的海岛管理制度

同美国类似，英国也没有统一的海岛立法，海岛作为土地的一部分，在权属流转上遵循不动产相关法律，在行政管理上遵循环境保护等有关法律的规定。但与美国不同的是，英国对于海岛的行政管理模式是松散的多头共管。在管理中发挥重要作用的部门有：负责经营管理皇室海洋地产的英同皇家地产管理委员会、负责海上石油开采区域规划的工贸部、负责海岛开发之前协调工作的环境部等。虽然主要的海岛管理模式是松散型的多头共管，但是为有效开展各政府部门之间，乃至政府和企业公司之间、管理部门和研究机构之间的协调工作，英国于1986 年成立了海洋科学技术协调委员会，于 21 世纪初成立了由数百个政府机构、企业和非政府机构资助的咨询组织组成的"海洋管理局"❷。

（二）皇室所有权

英国的无居民海岛，名义上都归皇室所有。为了获得经常性收益，皇室一般

❶ 刘连明，张祥国，李晓冬. 国内外海岛保护与利用政策比较研究［M］. 北京：海洋出版社，2013.

❷ 金彭年. 海洋法律研究［M］. 杭州：浙江大学出版社，2014.

是将海岛出租给私人，由私人开发后再进入市场。租期届满时，私人修建的建筑物无偿归属无居民海岛所有者，所有者可将其转租。

（三）岛屿售价低廉

根据每日邮报消息，英国设得兰群岛西部韦拉岛上的小岛林加（Vaila），对外出售，价格相当便宜。面积达到 65 英亩（约合 26 万平方米）的小岛，内部还带有湖泊，售价只有 25 万英镑（约合 225 万元人民币），其均价为每平方米 8.6 元人民币。这个小岛上带有两栋被遗弃的别墅，你可以把它改造成平房。在这片景色优美、满是野生动物的岛上，你可以根据政府的规划，建设一个码头、一个储物棚、一个待客区，以及绿色环保的太阳能电池板、化粪池等设施。在这里，可以让你过上生态高效的生活方式。

七、印度尼西亚收储开发模式

印度尼西亚是世界上最大的群岛国，有约 1.7 万个岛屿。目前，印尼政府鼓励外国投资商租用其无居民海岛，以发展岛屿经济。印尼政府表示，将给无居民海岛租用者减税并提供其他一些优惠政策。租用者可在 30 年内拥有岛屿的使用权，30 年后还可申请延期。印尼还成立了伊斯兰金融合作俱乐部，专门吸引来自海湾国家对无人岛的投资，开发岛屿的合作采取合同分利方式。

印尼《海岸带和小岛管理法》规定，小岛及其周边海域的开发应具备中央或地方政府颁发的"沿岸水域使用特权"证书。该权利是一项立体权利，其范围包括海平面以及水层直到海底表面，并有一定的广度和时间限制，有效期为20 年，期满时可依法延长 20 年。如果存在到期并没有延长、权利人自动放弃权利、因公共利益而被撤销等情形的，该权利将终止。每个印尼公民、依法成立的法人实体都可以申请该权利❶。

其中，"技术要求"包括：符合海岸带和小岛分区规划和管理规划；按照规定的开发规模，与各种可供选择方案或者有可能破坏海岸带和小岛资源的活动分析。"行政要求"包括：提交申请文件；取得开发区域土地的财产权；制定与生态系统承载力相符的开发计划；建立监督系统并向沿岸水域特权出让人进行报告和登记；在海岸线相邻的海域内，申请人有权出入该区域。"使用要求"包括：让当地及周边居民有权利进行活动；承认、尊重和保护土著居民和当地居民的权利；考虑居民进入海岸边境和河口的权利；修复因开发被破坏的资源。同时，该法也明确了拒绝申请的几种情形，包括开发活动对沿海地区的可持续发展存在严重威胁的；开发活动没有科学依据的；开发活动一旦对资源环境造成破坏不能复

❶ 李晓冬，吴姗姗. 主要周边国家海岛开发与保护管理政策研究［M］. 北京：海洋出版社，2016.

原的。拒绝申请后，须以公告形式公开。该法允许沿岸水域特权进行变更和流转，并申请后，须以公告形式公开。该法允许沿岸水域特权进行变更和流转，并且可以为贷款抵押进行担保。

针对外国人开发利用印尼海岸带和小岛的管理，该法规定外国人申请使用小岛及其周边海域需征得印尼海洋事务和渔业部部长的同意；外国人从事相关科学研究活动也要从中央政府获得许可。

第四章

无居民海岛储备方案的确定及选择

　　无居民海岛作为一种储备资源，拥有特定的经济价值、社会价值和生态价值，储备无居民海岛就是要将三种价值发挥到最大化。优化的无居民海岛储备必须具有一整套完备的方案，包括明确收购来源及范围，以及科学的设计与明确的储备无居民海岛的操作流程。

一、储备无居民海岛的收购范围及方式

（一）无居民海岛储备的收储范围

　　无居民海岛储备的收储范围，是指哪些无居民海岛应当由海域海岛储备机构予以储备。总体来看，各地海域海岛储备方法主要从三个角度对无居民海岛收储范围进行了规定：一是从储备无居民海岛取得方式的角度，包括无居民海岛回收、无居民海岛收购、无居民海岛置换、无居民海岛新开发❶；二是从无居民海岛将来用途的角度，将以出让方式取得的无居民海岛分为非经营性用岛和经营性用岛；三是从收储原因的角度，如无居民海岛使用者未按约定及时足额缴纳无居民海岛价款，或未在规定的期限内动工开发，从而由政府依法收回的无居民海岛；无居民海岛使用权期限届满，无居民海岛使用者在规定的期限内未申请续期或者虽申请续期但未获批准的无居民海岛；转让价格明显低于市场价格或者最低基准价，政府行使优先购买权收购的无居民海岛等。

　　这三种界定方式彼此之间并非界限分明，全然独立。国家层面也有对无居民海岛储备的相关规定，各地方的地方性法规、地方政府规章中从无居民海岛取得方式的角度对无居民海岛储备的范围进行简要的界定。不过，无居民海岛取得方式能够统领后面两种界定角度：无论是按无居民海岛将来用途划分，还是按收储原因划分，最终都要通过无居民海岛收回、无居民海岛收购、无

---

　　❶　这里的因围垦、填海而原始取得无居民海岛不是由于人为填海新增无居民海岛，而是指两个方面：一是原有的海礁通过填海增加了面积，达到了岛的用途；二是原来分开的两个无居民海岛，在早期已通过围填海连成一个无居民海岛。

居民海岛征收等方式取得无居民海岛。就无居民海岛回收和无居民海岛收购而言，原无居民海岛使用权人的无居民海岛使用权消灭，该权能回到国家所有权中，使使用权与所有权合一，便于收储；而无居民海岛征收则分为两种情况，当征收无居民海岛使用权时，是权能的强制性回复；当征收企业或个人无居民海岛使用权时，是使用权的转移，原无居民海岛使用权单向的变更。

（二）无居民海岛储备方式

考虑现实需要和历史遗留问题，以及各地对无居民海岛收储方式的规定，我们认为储备方式主要有以下五种：

（1）纳入（新开发）：是指将自然闲置的无居民海岛，经过政府授权或人大批复，经有关程序后依法将其纳入或以新开发形式进入储备范围，通过申请审批出让方式进入海域海岛储备库。目前，我国很多无居民海岛尚未开发，而无居民海岛是国有资产，国家享有资产所有权，因此很多无居民海岛收储采取这一方式。

（2）收回：是指国家或有关部门将单位或个人的无居民海岛使用权收回或者租赁的无居民海岛租赁合同到期后，无居民海岛使用权被政府收回，包括海岛使用权，海岛上的林权、矿权、无居民海岛使用权等附属物的使用权，具体收回的范围包括：使用期限届满，被依法收回的无居民海岛；经审批、招拍挂等形式出让的无居民海岛，闲置多年未开发的；因单位撤销、迁移、破产、产业结构调整或其他原因不再继续利用的无居民海岛。

（3）收购：指的是政府向无居民海岛使用权人购买无居民海岛的使用权。主要包括：以出让方式取得海岛使用权后无力继续开发，又不具备转让条件的无居民海岛；经批准转用征用后需要进行储备的无居民海岛；海岛使用权人申请政府收购的无居民海岛。

（4）置换：是指权利人（海域海岛储备中心或行政单位）用一个无居民海岛（实际是作价，等同于金钱）对另一个无居民海岛使用权人的无居民海岛进行置换（实际是收购）。

（5）征收：是指为了公共利益的需要，征收无居民海岛的使用权，并对被征收海岛使用权人给予公平补偿。其范围包括：规划性质为经营性的无居民海岛以及政府确定纳入储备的无居民海岛，以及应国家或公共建设需要，对部分特殊需要的无居民海岛进行征收。

由于受制于政策影响以及围填海、水文环境、气候以及海岛可开发条件等多种复杂因素，第4、5种方式情况较少，因此无居民海岛新开发、无居民海岛收回和无居民海岛收购是目前我国无居民海岛储备机构的主要收储来源。

二、无居民海岛储备方案选择之一：新开发

（一）无居民海岛新开发概述

我国拥有无居民海岛 1.1 万余个，但已开发的无居民海岛只有不到 1000 个，2011~2017 年也仅开发了 26 个，因此还有很多无居民海岛尚处于未开发状态。对于这部分数量巨大的无居民海岛如何处理是当前各地区无居民海岛开发的一个重点。这些无居民海岛中有一些是远离陆地，可开发的价值不大，有些是起到海防作用的属于不可开发海岛。因此，真正可开发的无居民海岛很小，范围也是很固定的。

无居民海岛纳入（新开发）是指将自然闲置的无居民海岛，经过政府授权或人大批复，经有关程序后依法将其纳入或以新开发形式进入储备范围，通过划拨、出让等形式进行海域海岛储备机构的行为和过程。无居民海岛新开发的范围主要包括：（1）属于海洋、海岛规划中可开发用岛；（2）没有任何产权纠纷（包括岛上的所有资源产权）的无居民海岛；（3）不属于军用性质用岛。

在新开发无居民海岛纳入储备范围中，一般无居民海岛开发利用由省级人民政府批准，对下列情形的需要获得国务院审批：（1）涉及利用领海基点所在海岛；（2）涉及利用国防用途海岛；（3）涉及利用国家级海洋自然保护区内海岛；（4）填海连岛或造成海岛自然属性消失的；（5）导致海岛自然地形、地貌严重改变或造成海岛岛体消失的；（6）国务院规定的其他用岛。涉及维护领土主权、海洋权益、国防建设等重大利益的用岛，还应按照国家和军队有关规定执行。

（二）无居民海岛新开发操作程序

无居民海岛新开发操作程序，如图 4-1 所示。

三、无居民海岛储备方案选择之二：收回

（一）无居民海岛收回概述

无居民海岛收回是指海域海岛储备机构代表政府，依照法律、法规和无居民海岛使用权出让合同的约定收回无居民海岛使用权的行为和过程。无居民海岛回收的范围在全国尚未有详细的统一规定，但各省在回收的范围有一定的表述，如《浙江省无居民海岛开发利用管理办法》《浙江省无居民海岛使用审批管理办法》设立了使用权回收制度，包括依法批准使用无居民海岛，三年内如果未开发利用的，浙江省政府可以依法有权回收无居民海岛使用权；因公共利益安全需要收回

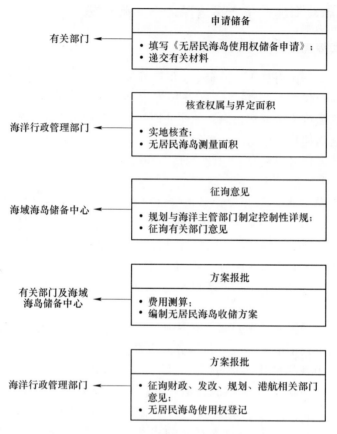

图 4-1　无居民海岛新开发操作程序

的；未申请续期或者申请续期未获批准的，无居民海岛使用权终止。《广西壮族自治区无居民海岛保护条例》规定使用权人连续两年闲置未开发利用的，将被海洋主管部门责令开发利用；连续三年闲置无正当理由未开发利用的，将被收回无居民海岛的使用权；通过招标、拍卖、挂牌方式取得无居民海岛使用权三年未开发利用的。《山东省无居民海岛使用审批管理办法》规定，确权登记 2 年内未开发利用的，海岛的使用权将被依法收回。

因此，无居民海岛收回的范围主要包括：（1）无居民海岛使用期限已满，无居民海岛使用者在规定的时间内未申请续期或者申请续期未获批准被依法收回的无居民海岛；（2）依法批准使用的无居民海岛三年内未开发利用的，经县级人民政府提出，省人民政府可以依法收回无居民海岛使用权；（3）无居民海岛使用权人未按约定及时足额缴纳无居民海岛价款，依法收回的无居民海岛；（4）无居民海岛使用权人擅自改变无居民海岛出让合同中约定的原无居民海岛用途，依法收回的无居民海岛；（5）因公共利益安全需要。

在一级市场中，海洋行政管理部门同时承担着民事职能和行政职能，其一方面是无居民海岛使用权出让合同的缔约方，通过出让合同在无居民海岛所有权上设定使用权这一用益物权，从而实现无居民海岛所有权的价值，另一方面作为无居民海岛资源管理机构，它又力图通过出让合同实现无居民海岛的用途管制、生态保护等公共管理目标。具体到无居民海岛收回，上述（1）、（3）两种情况，即无居民海岛使用权期限届满和未依约及时缴纳无居民海岛使用金更多地体现出海洋行政管理部门扮演的民事角色，而（2）、（4）两种情况，即无故闲置无居民海岛及擅自改变原规划用途，则突出了无居民海岛管理部门承担的行政管理职能。第（5）种情况是特殊性需要，体现国家利益终极需要。

（二）无居民海岛收回操作程序

无居民海岛收回操作程序，如图4-2所示。

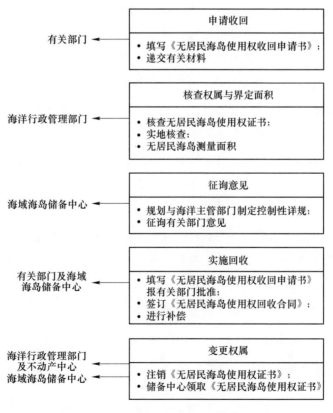

图4-2　无居民海岛收回操作程序

四、无居民海岛储备方案选择之三：收购

（一）无居民海岛收购概述

无居民海岛收购是指无居民海岛储备机构为实施城市规划或其他公共利益的需要，在海域海岛二级市场上购买无居民海岛使用权或附属物使用权，从而将所购无居民海岛纳入储备的行为。购买无居民海岛及附属权利时，无居民海岛使用权人与海域海岛储备机构之间是平等协商的关系，双方可以根据各自的意愿决定是否达成收购协议，属于民事法律行为。在无居民海岛收购中有一种特殊情况与土地收购一致，即当二级市场上无居民海岛使用权的转让价格明显低于市场价格时，政府有权优先购买该无居民海岛并将其纳入储备库。

无居民海岛收购的客体目前体现在法律层面上只有使用权这一种。此外，无居民海岛使用权人基于各种原因，可能会申请无居民海岛储备机构收购无居民海岛，后者可根据具体情况决定是否予以收购。在有些地方政府出台的无居民海岛储备办法中，无居民海岛收储范围包含了这样一种情况，即当无居民海岛使用权人从一级市场中以出让方式取得无居民海岛使用权后无力继续开发，又不具备转让条件时，政府应当将其纳入无居民海岛储备范围。这种情况下，如果无居民海岛使用权人并不符合"以出让方式取得无居民海岛使用权进行开发，非因不可抗力或者政府行为或者动工开发必需的前期工作造成开发迟延的，满三年未动工开发"的条件，政府无权依行政权力以无居民海岛闲置的理由无偿回收无居民海岛使用权，但其可以通过购买这一市场化方式收回无居民海岛使用权，从而促进无居民海岛的再开发再利用。

需要指出的是，目前我国对整岛出让无居民海岛使用权的案例较少，但基于历史原因的对部分无居民海岛使用权的占有已经形成，比如占有无居民海岛上的林业权、滩涂权、矿产权、土地使用权、养殖权等，因此，在无居民海岛收购的过程中，目前重点需要关注的是这些权利。在收购过程中也需要对这一民事权利予以重点关注。

（二）无居民海岛收购操作程序

无居民海岛收购操作程序，如图 4-3 所示。

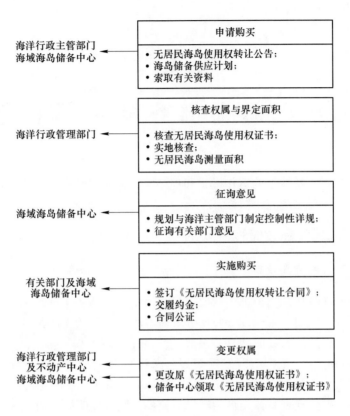

图 4-3　无居民海岛收购操作程序

第五章

无居民海岛储备的工作程序

无居民海岛储备体系的运作模式和程序，分为无居民海岛收购、无居民海岛储备、无居民海岛供应三个阶段。

一、无居民海岛收储程序概述

（一）无居民海岛收购

无居民海岛收购是指根据市政府授权和海域海岛储备年度计划，海域海岛储备中心以收购、收回、新开发等收储方式对本辖区范围的无居民海岛使用权进行收购的活动。无居民海岛收购（广义收购）的工作程序如下：

（1）收储申请。依据地区发展规划、海洋功能区规划、海岛保护规划、单岛规划、城市总体规划、城市经济和社会发展的需要，制定无居民海岛收储计划，按照海岛保护规划具体用岛类型进行储备，同时要明确可收储无居民海岛功能定位和开发方向，向市海洋主管部门提出无居民海岛申请。

（2）调查核实。经市海洋主管部门同意后，市海域海岛储备中心应委托测绘单位对拟收储的无居民海岛的面积、甚至范围等开展权属核查，对附属物、确权情况（林权证、已核发无居民海岛（房产）证、海域使用权权证等）、相关利益者等情况进行实地调查和核实。

（3）意见征询。根据调查核实情况，通过征询形式，征求财政、发改、住建、规划、港航、国土等相关部门和当地县（区）政府的意见。

（4）费用测算。在征询意见的前提下，委托或邀请有关部门或第三方评估机构对拟收储的无居民海岛进行政策处理、前期论证、经济补偿等费用进行测算，做好无居民海岛使用权价值评估。

（5）方案报批。根据无居民海岛调查核实情况、费用测算结果，编制无居民海岛收储的具体方案，经市海洋主管部门和市财政主管部门受理，经省级海洋行政主管部门审核，报省人民政府批准。

（6）收购补偿。海域海岛储备中心与原使用权人（包括无居民海岛使用权人、无居民海岛上的林业权、养殖权、滩涂使用权等权属人）签订合同，明确约定的金额、期限和方式，向原使用权人支付相应的补偿费用。实行无居民海岛置换的，按照海域海岛基准价以及协商价格进行无居民海岛置换的差价结算。

（7）权属变更。海域海岛储备中心根据合同支付收购定金后，原使用权人与海域海岛储备中心共同向市不动产中心申请办理权属变更登记手续。

（8）收储交付。在完成收储无居民海岛政策处理、基础设施建设等相关工作后，由县区不动产中心进行无居民海岛使用权登记。使用权一经登记，即纳入无居民海岛收储。

无居民海岛收储程序，如图5-1所示。

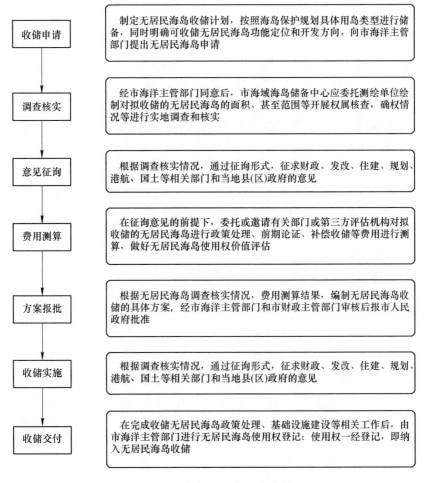

图5-1　无居民海岛收储程序

（二）无居民海岛储备

对于进入海域海岛储备体系的无居民海岛，在出让给新的使用单位或个人以前，由海域海岛储备中心负责组织前期开发和经营管理。前期开发包括岸线整治、生态修复、基础设施建设等。在储备无居民海岛出让前，海域海岛储备中心可以依法将储备的无居民海岛的使用权以出租、抵押等形式进行开发建设，以防止海岛资源闲置或浪费。

在无居民海岛储备阶段的开发利用过程中，海域海岛储备中心应与其他一般使用权人一样，遵守海岛开发利用的有关法律、法规和规章制度。涉及无居民海岛使用权出租、抵押的，海域海岛储备中心持海岛使用权证书以及有关合同，依法到有关部门办理审批或登记手续。

（三）无居民海岛供应

对进入海域海岛储备体系的无居民海岛，由海域海岛储备中心根据城市发展需要和市场对无居民海岛供给需求制定无居民海岛利用计划，有计划地统一向社会供应无居民海岛。为了提高一级市场的公开性和透明性，海域海岛储备中心应通过海洋主管部门或不动产中心定期将储备的无居民海岛的信息向社会公布。对于拟退出的具体无居民海岛，还要在充分考虑城市规划、海洋功能区规划、海岛使用规划、无居民海岛功能区划和保护与利用规划等方面要求的基础上，测算海岛供应成本，拟定出让方案。

根据《物权法》《海岛保护法》《无居民海岛使用申请审批试行办法》《无居民海岛使用金征收使用管理办法》等法律法规规定，储备无居民海岛的供应方式可分为审批出让和招拍挂出让两种类型。

为实现政府对无居民海岛市场的宏观调控，最大程度地发挥无居民海岛的资源利用价值，我国《无居民海岛使用金征收使用管理办法》中，对无居民海岛有偿使用的方式进行了明确："用于旅游、娱乐、工业等经营性用岛的，一律通过招标、拍卖、挂牌的方式出让使用权。"

除了按规定必须以招拍挂方式出让的无居民海岛，其他储备无居民海岛使用权可以通过招拍挂的形式确定开发单位，也可通过审批形式约定开发单位。但是各省对审批形式都作出了严格限制。《山东省无居民海岛使用审批管理暂行办法》明确了申请审批方式仅适用于非经营性用岛活动的确权，我国其他相关法规也规定了这一方式。

对于以审批形式出让的储备无居民海岛，海域海岛储备中心受市政府委托，可以按下列程序约定开发单位，收取无居民海岛开发补偿费用。

（1）确定拟出让的无居民海岛。海域海岛储备中心根据无居民海岛储备方案和供应计划，确定拟出让无居民海岛的坐落、四至范围、用岛面积、用途、规划条件。

（2）发布拟出让无居民海岛信息。海域海岛储备中心根据储备无居民海岛的实际情况，对条件成熟的无居民海岛公开发布无居民海岛使用权出让信息。

（3）审查开发资信。由开发单位或个人提出受让无居民海岛的申请并交纳定金，海域海岛储备中心对开发单位或个人资信进行审查评估。

（4）约定开发人。海域海岛储备中心与提出申请的开发单位或个人对开发条件、开发补偿费用、资金支付方式、支付期限、交地期限与方式等问题进行协商，约定受让的开发单位或个人。

（5）拟出让无居民海岛方案报批。开发单位约定后，由海域海岛储备中心填写《海岛使用权拟出让无居民海岛报批表》，将储备无居民海岛地使用权出让方案报市海洋管理部门批准。

（6）签订拟出让无居民海岛协议。海域海岛储备中心与约定的开发单位签订《海岛使用权拟出让无居民海岛协议书》，主要内容包括：预出让无居民海岛的位置、面积、规划用途和规划指标，无居民海岛开发补偿费的金额、付款进度和方式，交付无居民海岛的期限和方式，双方约定的其他权利和义务，违约责任，纠纷的处理方式等。经过招拍挂程序的，依法签定《无居民海岛使用权拟出让无居民海岛协议书》作为《无居民海岛使用权出让合同》的附件。

（7）支付补偿费用。开发单位应根据协议约定的期限、金额和方式，向无居民海岛储备中心支付无居民海岛开发补偿费用。无居民海岛开发补偿费包括无居民海岛收购、储备、预出让过程中发生的实际成本。同时依法缴纳无居民海岛使用金。

（8）办理有关审批手续。开发单位持《无居民海岛使用权拟出让无居民海岛协议书》，到不动产中心办理登记手续，可以分别向住建、规划部门办理立项和规划审批手续，然后向市海洋行政管理部门申请办理建设用地审批及无居民海岛正式出让手续。

二、申请储备及权属核查

（一）申请储备

申请收储是无居民海岛储备工作的第一步。申请收储无居民海岛必须符合无居民海岛收储计划，因此，海域海岛储备中心必须制定无居民海岛收储年度计划。制定无居民海岛收储计划应包括：年度收储无居民海岛规模；年度收储无居民海岛前期开发规模；年度收储无居民海岛招拍挂供应规模；年度收储无居民海岛临时利用计划；计划年度末收储无居民海岛规模；年度储备海岛供应收入预测；年度储备海岛资金计划等。同时，年度无居民海岛储备计划还应当明确无居民海岛的宗图、面积、类型、储备成本等具体内容。

1. 制定无居民海岛储备计划的原则

（1）坚持规划先行原则。无居民海岛储备计划中的具体建设项目用海用岛应当符合国家产业政策，符合海洋功能区划和海岛保护利用规划的要求；填海建设项目要严格执行有关海域和土地统筹管理，以及国家对填海项目的规定；经营性用岛项目全部实现招拍挂管理制度的改革意见，项目用岛应当符合海洋功能区划、土地利用总体规划和城市总体规划控制性详细规划等。

（2）节约集约用岛原则。严格落实"五个用海"的要求，根据年度海岛使用情况科学统筹安排计划，上报项目用岛应符合项目准入条件，达到海域海岛土地利用强度、投入强度等相关要求，同时要优化海域海岛使用平面布置，促进海域海岛资源的高效集约利用和优化配置。

（3）保重点统筹原则。无居民海岛储备项目原则上都要通过招拍挂方式出让，无居民海岛储备计划编制工作要突出经营性用海用岛储备的项目重点，要优先保障国家、省、市重点项目用海、重大招商引资项目等建设项目用海用岛以及区域建设用岛，通过计划储备确定无居民海岛储备的总量、结构、空间布局和时序安排，建立无居民海岛储备项目库的入选标准和管理制度，建立年度无居民海岛储备项目库，并对无居民海岛储备项目进行初步成本估算。

2. 申报内容

（1）无居民海岛储备计划应在完成收储前期工作并达到出让条件或可以直接出让的无居民海岛为上报标准。

（2）上年度列入年度储备计划但尚未启动收储的用岛项目根据项目开发利用实际需要，可作为结转项目列入下年度储备计划。

（3）为便于收集管理，尽量避免漏报和重复上报，采取如下上报方式：各县（区）人民政府（管委会）可向辖区乡镇人民政府、县（区）直相关部门及有关意向用岛单位进行广泛征集，挑选成熟项目进行汇总，市直有关单位归口汇总有关项目用海需求，报我局审查后上报市政府审批和省厅备案❶。

3. 相关要求

（1）所报储备项目必须落实到具体海岛区块，其中属于新增意向建设用岛项目的需提供海岛位置图和收储项目示意图。

（2）各县区可根据整体项目进展情况的需要，按照项目的轻重缓急作好排序，将重点项目排在前面。

综上所述，申请储备的无居民海岛必须符合《中华人民共和国海岛保护法》及有关法律法规以及海洋主体功能区规划、海岛保护规划、海洋功能区划等有关

---

❶　本部分参考莆田市海洋与渔业局关于申报莆田市 2017 年度海域储备计划及有关资料的通知（莆海渔〔2017〕39 号）。

法定规划和区划。申请时应提供下列材料：（1）明确前期工作单位；（2）拟储备无居民海岛的现状、范围；（3）拟储备无居民海岛规划开发用途、功能定位；（4）有无权属争议和利益相关者补偿等事项的说明；（5）有效地形图、宗海图。

莆田市2017年海域海岛储备计划申报表，见表5-1。

（二）权属核查

权属核查涉及有哪些权属，核查什么，为什么核查的问题，这些问题对下一步补偿、登记都有很大关系，因此权属核查至关重要。

1. 权属定位

按照《物权法》之规定，物的权属一般涉及所有权及其派生的占有、使用、收益、处分的权利。因此，无居民海岛权属涉及无居民海岛所有权、无居民海岛占有权、无居民海岛使用权、无居民海岛收益权和无居民海岛处分权。

（1）无居民海岛所有权。对于无居民海岛所有权问题，在前述中我们已经有了比较全面的阐述，我们认为不管是《宪法》《物权法》《海岛保护法》还是国家海洋局的相关规定，都明确了无居民海岛属于国家所有，即全民所有。《海岛保护法》第四条也规定了，国务院代表国家行使无居民海岛所有权。因此，这是明确的，无需核查。

（2）无居民海岛占有权。无居民海岛占有权就是无居民海岛所有者对无居民海岛上的所有物的实际控制权。按照现行的法律，由于无居民海岛占有权是非所有权人实际占有和使用他人无居民海岛而形成的一种物权，因此在无居民海岛占有权之上形成了无居民海岛的所有权人和无居民海岛的占有权人之间的关系、无居民海岛占有权人与其他非无居民海岛权利人之间的关系等法律关系。无居民海岛占有权以占有无居民海岛上所有物的事实为前提，同时以合法占有为基础，其合法性源于村集体与占有权主体的约定或者法律的规定或历史约定俗成，分别受《合同法》和《物权法》的规制。在占有人依法发生变更之后，原占有人可能依然是原合同当事人而新占有人不是原合同的当事人。占有权是我国《物权法》所确定的一类物权，包括动产占有权和不动产占有权，同所有权一样受到法律的保护。《物权法》第241条规定，基于合同关系等产生的占有，有关不动产或者动产的使用、收益、违约责任等，按照合同约定，合同没有约定或者约定不明确的，依照有关法律规定。无居民海岛上的所有物作为不动产，在其之上设立的占有权也是物权的一种类型，是具备农民集体经济组织成员资格的农民依据法律或无居民海岛、林地、滩涂承包合同对农民集体所有的无居民海岛形成的物权，其相应的权利一样具有独立的法律地位，应该受到法律保护。

表 5-1 莆田市 2017 年海域海岛储备计划申报表

申报单位：　　　　　　　　　　　　　　　　　　　　　单位：公顷

用海（岛）类型	序号	海域区块（岛）名称	海域区块（岛）位置	面积	海洋功能区划（海岛保护规划）的符合性	规划用途	海域（岛）现状	项目前期手续和进展情况	海域（岛）供应计划时间	备注

填表人：　　　　　　　　联系电话：　　　　　　　　　　　　年　月

申报表填写说明

1. 用海（岛）类型：用海类型按《海域使用分类体系》（国海管字〔2008〕273 号）一级类统计，即渔业用海、工业用海、交通运输用海、旅游娱乐用海、海底工程用海、排污倾倒用海、造地工程用海、特殊用海和其他用海等 9 类；用岛类型按《无居民海岛保护与利用分类体系》三级类统计，即旅游娱乐用岛、交通运输用岛、工业与城乡建设用岛、渔业用岛、农林牧业用岛、可再生能源用岛和公共服务用岛。2. 序号：每一类用海（岛）类型按照按重要程度编排序号。3. 海域区块（岛）位置：填写具体位置，并有具体经纬度。3. 面积：根据项目建设规模需求填写，其中：填海收储项目，单宗海域面积不得超过省级审批权限面积。4. 海洋功能区划（海岛保护规划）的符合性：是指收储海域（海岛）在省级海洋功能区划（省海岛保护规划）的功能用途以及使用海的符合性。5. 规划用途：填写具体用海（岛）的具体用途或项目名称，已立项的要与项目立项名称一致。6. 项目前期手续和进展情况：是指项目已开展前期用海申请的进度或完成事项情况。7. 海域（岛）供应计划时间：是指根据海（岛）供应市场出让计划的时间。8. 备注：注明是否为上年结转项目以及为申报用海（岛）其他需要特殊说明的事项。

（3）无居民海岛使用权。无居民海岛使用权是指在法律规定范围内，根据无居民海岛的分类对一定面积的无居民海岛加以使用的权利。根据国家法律，无居民海岛所有权和使用权可以分离。无居民海岛使用权可以由所有人直接行使，也可以由非所有人行使。因此，无居民海岛使用权实际上是依法对无居民海岛经营、利用和收益的权利。按照刘登山等人的研究，依据不同的标准，无居民海岛使用权主要可以分为以下几种类型：1）按照无居民海岛使用目的为分类标准，无居民海岛使用权可以区分为建设用岛权与非建设用岛权。所谓建设用岛权，是指在无居民海岛及其附近海域建设建筑物和其他附着物的权利，它包括旅游以及娱乐用岛、矿业用岛、港口和仓储用岛等为目的所有开发性用岛活动。所谓非建设用岛权，是指在无居民海岛上开发海上自然景观、旅游休闲、冲浪娱乐和养殖水生动植物等不改变无居民海岛自然地貌和环境的权利。2）按照无居民海岛使用权对无居民海岛环境的影响程度为标准，无居民海岛使用权可以分为保护性用岛权与开发性用岛权，保护性用岛权指不改变所用无居民岛自然属性的用岛权利。保护性用岛权多为公益性用岛，如建立自然保护区等用岛权利。开发性用岛权是指开发利用无居民海岛资源为目的的无居民海岛使用权利，主要包括渔业、旅游业、矿业、修建港口码头和仓库等用岛权利。3）按开发无居民海岛程度为标准，可以分为以下三种类型：一是特殊开发类型，就是在具有珍稀物种和周边的海域分布着国家一、二级保护物种的无居民海岛上建立自然保护区，对其资源予以特殊的保护。二是生态开发类型，就是对一些无居民海岛进行不改变其生态环境，适度发展无居民海岛旅游业、中转仓储业、渔农林业等。三是保护开发类型，对于已经低水平开发的无居民海岛，拆除违章建筑及简易搭盖，恢复无居民海岛的自然状态，对一些裸露的山体进行生态修复，待时机成熟后，再进行高水平的开发。同时，根据《关于海域、无居民海岛有偿使用的意见》规定，无居民海岛使用权还可以依法转让、抵押、出租、作价出资（入股）等权能。转让过程中改变无居民海岛开发利用类型、性质或其他显著改变开发利用具体方案的，应经原批准用岛的政府同意。

（4）无居民海岛收益权。无居民海岛收益权是基于对无居民海岛及其附属物的使用依法而取得的利益和孳息的权利。收益是使用的结果，两者密切联系。无居民海岛收益依据对无居民海岛利用的分类可分为直接收益和间接收益。直接收益来自对无居民海岛的直接利用，一般需要按照合同规定；间接收益来自对无居民海岛的间接利用，包括开发利用无居民海岛的收益。

（5）无居民海岛处分权。无居民海岛处分权是指依法对无居民海岛的最终归宿进行处置的权利。处分权是所有权的基本核心权利，是所有权和使用权区分的标识。所有权具有占有、使用、收益、处分四项权能，而使用权唯独没有最终处置权这项权能。

2. 涉及权属

（1）无居民海岛使用权。《海岛保护法》关于海岛的定义，即"海岛是指四面环海水并在高潮时高于水面的自然形成的陆地区域"，既然存在陆地区域就必然存在无居民海岛。因此，无居民海岛使用权毫无疑问包含了岛上无居民海岛使用权。但无居民海岛的使用权又明显不同于有居民海岛和一般大陆的土地使用权，其权利的行使存在诸多制约。根据《海岛保护法》的相关规定：在无居民海岛建造建筑物或者设施，应当按照可利用无居民海岛保护和利用规划限制建筑物、设施的建设总量、高度以及与海岸线的距离；临时性利用无居民海岛的，不得在所利用的海岛建造永久性建筑物或者设施；无居民海岛及其周边海域不得建造居民定居场所；无居民海岛及其周边海域不得从事生产性养殖活动，已经存在生产性养殖活动的，应当确定相应的污染防治措施。

历史上有一些海岛上的无居民海岛在 20 世纪 50 年代土改中已经登记确认归村集体所有。在土改时，已经划为集体所有的无居民海岛，在人民公社化后政府根据土改时登记情况颁发的无居民海岛产权确认文件是有法律效力的。还有一部分无居民海岛在 20 世纪 80 年代，海岛上无居民海岛被确认给临近的陆地或者距离较近的有居民海岛上的集体所有，分给村民小组并进行了确权，并有林业部门发放的《山界林权证》，即将海岛确立给了村集体。例如，自 20 世纪 80 年代以来，宁波市下属的沿海县级政府将 118 个离陆地或者距有居民海岛较近的无居民海岛上的林地 2100 多公顷确认为临近的乡、村民集体所有，并发放林权证❶。有些无居民海岛上有政府部门根据相关法律颁发给了集体无居民海岛产权证明。例如，温州的横趾山岛属无居民海岛但岛上世代有人居住。2000 年浙江省人民政府给当地政府复函里明确规定横趾岛为乐清市集体所有❷。类似情况在沿海县市不同程度的存在，例如广西的"六墩岛""蝴蝶岛"等。温州市老鼠尾岛有村集体所有的耕地 6.67 平方千米，还属农保地的红线范围。

（2）海岸线和海域使用权。依据《海洋学术语海洋地质学》（GB/T 18190—2000）的定义，海岸线是指陆地与海洋的分界线，系指多年平均大潮高潮时水陆分界的痕迹线。我国交通运输部与国家发展和改革委员会于 2012 年 5 月 22 日制定了《港口岸线使用审批管理办法》，其中第 5 条规定："本办法所称港口岸线，含维持港口设施正常运营所需的相关水域和陆域"。现有的法律实践正是将海岸线作为一部分陆域与一部分海域的结合体。海岸线还可分为深水岸线、中深水岸线与浅水岸线。不同的水深岸线，其规划功能不同，深水岸线可建万吨级以上泊

❶ 闫海，等. 无居民海岛可持续发展的法治保障研究 [J]. 青岛科技大学学报（社会科学版），2011.

❷ 朱康对. 无居民海岛历史遗留产权问题的处置——以温州无居民海岛为例 [J]. 中共浙江省委党校学报，2013（3）：10~15.

位的码头。近年来，海岸线和海域作为海洋资源重要的组成部分，其生态、经济价值日益得到重视，特别是深水岸线，是建设涉海大型项目的宝贵资源。2007年浙江省人大制定的《浙江省港口管理条例》，其中第 14 条规定："港口岸线可以实行有偿使用"。第 12 条规定："在港区内建设港口设施使用港口岸线的，申请人应当向所在地港口管理部门提出书面申请，说明港口岸线的使用期限、范围、功能等事项，并按照下列规定报经批准"。第 15 条规定："港口岸线使用人可以依照批准的范围、功能使用港口岸线，不得擅自改变港口岸线的使用范围、功能。确需改变港口岸线使用范围、功能的，港口岸线使用人应当向所在地港口管理部门提出书面申请，并由原审批机关批准。港口岸线使用人依法转让港口岸线使用权或终止使用港口岸线的，应当书面报告所在地港口管理部门，并由原审批机关办理变更或者注销手续。"浙江省地方法规明确规定，海岸线使用权是一种独立的财产权利，可以依法转让❶。

无居民海岛使用权的权利范围肯定也包括了岛屿四周的海岸线和岛屿周围一定区域的海域使用权。我国《海域使用管理法》明确"海域属于国家所有，国务院代表国家行使所有权"。同时确立了海域许可使用制度，规定"单位和个人使用海域，必须依法取得海域使用权"。因此，海域也构成了无居民海岛的联合组成体。2012 年 9 月，国家海洋局发出的《关于在无居民海岛周边海域开展围填海活动有关问题的通知》，专门对无居民海岛周边海域围海填海活动作了具体规定。目前，我国基本停止了对海域填海，以保护海洋生态环境。

（3）矿业权。矿业权由探矿权和采矿权两部分组成，根据我国《矿产资源法》第三条规定："矿产资源属于国家所有，由国务院行使国家对矿产资源的所有权。地表或者地下的矿产资源的国家所有权，不因其所依附的无居民海岛的所有权或者使用权的不同而改变"，"勘查、开采矿产资源，必须依法分别申请、经批准取得探矿权、采矿权，并办理登记"。毫无疑问，无居民海岛的矿产资源属于无居民海岛所有权的组成部分，属国家所有。尽管大陆上的矿业权是一项独立的权利，但无居民海岛使用权与所有权分离后，其蕴藏的矿产资源矿业权不可能单独分离，特别是无居民海岛的使用权人对海岛的开发利用必须涉及矿产资源开采时，矿业权同时由使用权人享有。然而，矿产资源是一种不可再生资源，且探矿和采矿活动对自然环境影响较大，因此，对无居民海岛探矿权和采矿权应当进行必要的限制❷。

（4）林权。林权包括林地使用权、林木使用权和林木开采权。我国《森林法》第三条规定："森林资源属于国家所有，由法律规定属于集体所有的除外"；

---

❶　李斌．新型海事权益海岸线使用权的抵押公证［J］．中国公证，2012（7）：17~18．
❷　邵琦．我国无居民海岛经营性开发法律制度的研究［J］．法学，2016，4（2）：17~29．

第十五条规定，用材林、经济林、薪炭林的林木使用权及其林地使用权可依法转让；第三十二条规定，采伐林木必须申请采伐许可证，按许可证的规定进行采伐。对于拥有一定林木资源的无居民海岛，如其拥有的林木、林地性质属于《森林法》第十五条规定范围，则林权应属于无居民海岛使用权的组成部分，归属于使用权人。

（5）水域（淡水资源）和滩涂使用权。我国《水法》第三条规定："水资源属于国家所有。水资源的所有权由国务院代表国家行使"。第四十八条规定："直接从江河、湖泊或者地下取用水资源的单位和个人，应当按照国家取水许可制度和水资源有偿使用制度的规定，向水行政主管部门或者流域管理机构申请领取取水许可证，并缴纳水资源费，取得取水权。但是，家庭生活和零星散养、圈养畜禽饮用等少量取水的除外"。而关于滩涂资源的开发利用，我国《无居民海岛管理法》《渔业法》都作了相应规定，早在1988年，国家无居民海岛管理局、国家海洋局发布的《关于加强滩涂资源管理工作的通知》，对合理开发滩涂资源作出了原则性规定。因此，无居民海岛使用权人开发利用无居民海岛上的水资源和滩涂资源，具有明确的法律依据。

（6）未发放确权证书被实际使用的。有一些无居民海岛被村集体、村民普遍认为海岛是集体所有，是"祖宗地""祖宗岛"，海岛附近的居民按照习惯和历史沿袭就近对无居民海岛实施开发管理活动，这些海岛没有经过相关政府部门的确权，仍然被乡、村和村民认为是"集体财产"而被实际占有和开发，认为谁开发、谁使用、谁得益，许多无居民海岛被村民自行开发，用于围垦、种植、养殖等，以获得经济利益。并在岛上搭建住房，饲养家畜，开垦耕地，久而久之，俨然成为了"岛主"。还有一些无居民海岛被当成无主地，许多人擅自用岛、炸岛取石，一些海岛被炸得仅剩半个❶。

3. 核查情况

以下以舟山为例，对无居民海岛权属做诠释。

（1）已发的林权证基本情况。为鼓励集体、村民植树造林，美化海岛环境，截止2016年底舟山市共对232个无居民海岛发放了261个林权证，填写的林地所有权利人均为村级经济合作社，即集体所有。这些林权证极大多数是2007年核发的，少数在20世纪80年代初核发的，确权面积约1076平方千米；林权证将林地所有权权利人、林地使用权权利人、森林或林木所有权权利人、森林或林木使用权权利人等均确权为村级经济合作社，林地使用期为永久使用；林权证明确：根据《中华人民共和国森林法》规定，本证中森林、林木、林地所有权或者使用权，已经登记。合法权益受法律保护。

---

❶ 王青. 我国海岛权属变更的法律问题研究 ［D］. 青岛：中国海洋大学，2014.

舟山市无居民海岛林权证颁发情况，见表5-2。

表5-2　舟山市无居民海岛林权证颁发情况

审核机关	林权证书数量/个	确权总面积/平方千米	无居民海岛数量/个
舟山市农林局	18	36	18
定海区农林局	39	142	41
普陀区农林局	143	433	109
岱山县农林局	51	343	54
嵊泗县农林局	10	122	10
合计	261	1076	232

资料来源：郭朋军.无居民海岛开发利用中对林权证处理的政策研究［J］.海洋开发与管理，2017
（4）。

（2）已核发无居民海岛（房产）证基本情况。全市共核发无居民海岛（房产）证无居民海岛7个，确权面积370余亩，其中，定海的黄蟒山岛、枕头山屿、嵊泗的大贴饼岛等4个无居民海岛的无居民海岛证，是业主因建设需要在近10年经行政审批取得的，无居民海岛证使用年限有50年的、也有无终止日期的；还有3个无居民海岛无居民海岛房产所有证于20世纪50~60年代核发的，无终止日期。

（3）发放浅海滩涂使用权证基本情况。舟山市定海区、普陀区、岱山县人民政府根据《浙江省人民政府关于确定浅海滩涂使用权问题的通知》（浙政发［1983］34号），于1983~1984年对用于养殖生产的部分浅海滩涂实施了定权发证。据初步统计，全市共发放浅海滩涂使用权证共208本，其中滩涂使用权证191本、确权面积67000余亩，使用权人主要为当时的人民公社、大队。由于滩涂使用权证四址以方位界定，再加上经过20多年的淤涨，有些变成了无居民海岛的陆地，也应视为对无居民海岛开发利用的一种权证形式。

三、征询意见及相关费用测算

（一）审查与调查

海域海岛储备中心对申请人提出的申请和实际情况调查和审查，核查是否属实，条件是否符合法律规定等。

（二）征询意见

在审查和调查符条件后，向市规划部门征求控制性详规意见；需要进行综合开发的无居民海岛，还要向综合开发管理部门征求开发意见；涉及林权、无居民海岛使用权、矿产权、贪图权等权利补偿的还征求相关主管部门补偿意见。

（三）费用测算

包含无居民海岛本身价值，一般根据无居民海岛等别、用岛类型和用岛方式，核算出让最低价，在此基础上对无居民海岛上的珍稀濒危物种、淡水、沙滩等资源价值进行评估，一并形成出让价。同时还应考虑相关的开发费、整理费、生态补偿费用、税费等。

注：最低价计算公式为"无居民海岛使用权出让最低价＝无居民海岛使用权出让面积×出让年限×无居民海岛使用权出让最低标准"。

四、方案报批与签订合同

（一）收购方案编制

在费用测算完毕后，编制《无居民海岛收购方案》，包括具体实施方案、费用测算、可行性研究报告等。

（二）收购方案报批

海域海岛储备中心提出无居民海岛收购的具体实施方案后，报海洋主管部门审批。特殊用岛的收购方案还要报省级或国务院审批。

（三）无居民海岛收购合同的签订

无居民海岛收购方案获得批准后，由无居民海岛储备中心与原无居民海岛使用权人签订《无居民海岛使用权收购合同》。

（四）无居民海岛收购合同内容

无居民海岛收购合同的内容包括：
（1）合同签订双方基本情况；
（2）收购无居民海岛的位置、面积、用途及权属依据；
（3）无居民海岛收购补偿费用及其支付方式和期限；
（4）交付无居民海岛的期限和方式；
（5）双方约定的其他权利和义务；
（6）违约责任和纠纷处理方式等。

五、制定补偿标准及原则

（一）补偿标准与原则

因为无居民海岛储备制度是一种创新，我国现行法律法规目前还没有专门对其法理性规定，各地的做法也不相同。组织制订收回海域海岛使用权的实施办法和操作程序，并结合海域海岛基准价格，明确海域海岛使用权补偿标准。需要考虑以下几个因素：

（1）有无产权。历史上，我国对无居民海岛开发利用处于无序状态，因此，产权比较多样，涉及林业权、矿产权、滩涂权、无居民海岛使用权等。但是这些产权有些有明确的产权证，有些没有产权证但是有一些地方性收据（对于这一权利，我国相关法律规定，可以为其补办相关证书），还有一些则是没有任何凭证但是属于遗传物，具有事实上的占有。对有无产权的补偿也应该有区别对待，一般有产权的可以根据相关规定处理。

（2）使用权年限。按照我国无居民海岛相关制度规定，无居民海岛使用权最高不超过50年，超过部分无效。因此，对无居民海岛补偿费用应该折算年限。其他产权也应该考虑使用权年限，并进行合理折算。

（3）协商一致。由于历史上很多权利不具有凭证，即使有凭证也有历史因素，同时各无居民海岛区位不同，价值不同，在补偿时也要考虑这些因素。因此，在补偿时应与使用权人进行协商，确保公正、公平。

（4）经济社会条件。待估无居民海岛所在地的无居民海岛价格有影响的资料，包括待估无居民海岛所在地的自然条件（包括人口、面积、气候、水文、地理）、行政区划、经济发展（包括经济结构、主要产品、工农业总产值、居民收入、社会投资状况等）、城市规划与城市性质、产业政策（与评估对象相关类型的产业分布、产品销售及有关优惠政策）和税收政策等。

（二）特殊权利补偿

在无居民收储过程中，收储机构需要对现有无居民海岛上已开发的行为或已取得的产权进行合理的补偿，主要涉及无居民海岛使用权、海域使用权、林权、矿权、水域（淡水资源）和滩涂使用权等。

耕地补偿。对由于历史原因，国家对部分无居民海岛上颁发了耕地产权证书。对于这种情况下，国家在条件许可情况下，可考虑研究参照农村集体所有耕地征用方法和标准予以补偿。条件不具备的，可以考虑使用权继续归原权利人，待需要进行商业开发时，再对这部分耕地应参照无居民海岛征用标准，予以补偿。补偿的标准应该参照集体无居民海岛征用。

林权补偿。无居民海岛上，林业部门颁发了林权证的林地和林木，应明确无居民海岛所有权归国家所有。《森林法》第三条也规定："森林、林木、林地的所有者和使用者的合法权益，受法律保护，任何单位和个人不得侵犯"。因此，在处置《海岛保护法》实施以后的无居民海岛的拥有林权证的林地和林木产权问题过程中，必须本着保护无居民海岛生态环境的目的，先稳定现有的林木所有权和林地使用权暂时不变。在收储或开发需要时，需要对林地和林木价值进行市场评估，可采取一次性买断产权或予以合理经济补偿❶。

其他还有如无居民海岛使用权、海域使用权、房屋所有权、养殖许可权等历史遗留的相关产权，需要我们对其进行协商或参考有关规定合理补偿。

六、权属登记变更及入库

（一）无居民海岛权属

无居民海岛权属是无居民海岛的所有权及由其派生出来的占有、使用和收益权的统称。根据中国《海岛保护法》以及《无居民海岛开发利用审批办法》的规定，无居民海岛属于国家所有即属于全民所有，但在《海岛保护法》前，对无居民海岛上的滩涂、林业资源，属于集体所有，这是历史遗留问题。对这一问题上面已做了详细描述，此处不再赘述。

目前，我国《海域使用管理法》建立了我国海域物权管理制度，有居民海岛纳入我国现有城市、乡村体系，使用现有相关物权法律规定，无居民海岛则是近年来才为社会逐渐重视的一类特殊的自然资源，其所有权性质没有明确的法律规定❷。但需要说明的是，对无居民海岛的权属主要是无居民海岛的使用权。对于无居民海岛使用权，刘登山等人认为应当是物权。无居民海岛使用权派生于无居民海岛所有权，具有直接支配性，其客体是一种特殊的不动产，无居民海岛使用权具有公示性。无居民海岛使用权属用益物权，即无居民海岛使用权人通过设定无居民海岛使用权，对无居民海岛整体进行占有、使用、收益和部分处分的权利。无居民海岛使用权又是一种自然资源使用权。自然资源使用权的行使应遵循可持续发展的环境伦理观，保护无居民海岛的生态环境应当是第一位的，在此基础上进行开发利用，实现无居民海岛的可持续发展❸。

（二）登记程序

根据《无居民海岛使用权登记办法》规定，无居民海岛使用权登记是指依法对无居民海岛的权属、面积、用途、位置、使用期限、建筑物和设施等情况所作的登记，包括无居民海岛使用权初始登记、变更登记和注销登记。无居民海岛使用权按照审批权限实行分级登记。国家海洋局和省、自治区、直辖市人民政府

❶ 朱康对．无居民海岛历史遗留产权问题的处置——以温州无居民海岛为例［J］．中共浙江省委党校学报，2013（3）：10~15.

❷ 刘兰、李永祺，任洁．无居民海岛权属的立法分析［J］．中国海洋法学评论，2014.

❸ 刘登山．我国无居民海岛使用权制度研究［D］．长春：吉林大学，2010.

海洋主管部门是无居民海岛使用权登记机关，负责无居民海岛使用权登记。国务院批准的用岛，由国家海洋局确权登记，颁发无居民海岛使用权证书或者无居民海岛使用临时证书。省级人民政府批准的用岛，由省级海洋主管部门确权登记，颁发无居民海岛使用权证书或者无居民海岛使用临时证书。无居民海岛使用权变更登记和注销登记由原登记机关办理。对无居民海岛使用权登记后进入信息系统和查询服务系统。

无居民海岛使用权登记应当以同一单位或者个人使用的单个无居民海岛或者权属界址线所封闭的区域为基本单位进行登记。单位或者个人取得两个以上无居民海岛的使用权的，应当分别申请登记。登记申请有下列情形之一的，登记机关不予受理：（1）不在登记权限内的；（2）无居民海岛使用权属存在争议的；（3）出租、抵押期限超过无居民海岛使用权期限的；（4）无居民海岛使用违法违规行为尚未处理或者正在处理的；（5）其他依法不予受理的。在无居民海岛上设置航标、灯塔、重力点、天文点、水准点、测绘控制点标志等公益设施，由省级登记机关登记备案。

（三）权属变更

变更登记是相对初始登记来讲的，简单地说，是初始无居民海岛登记的延续并按照实际变化情况对其进行的补充和修正。就是在初始无居民海岛登记完成之后，对发生变化或者新产生的权利及内容进行的改正登记或新设登记。《无居民海岛使用权登记办法》第 10 条规定："无居民海岛使用权人的重要信息发生变化的，依法转让无居民海岛使用权的"，可以申请办理变更登记。申请变更登记应当向原登记机关提交下列材料：（1）无居民海岛使用权登记申请表；（2）营业执照、法定代表人身份证明、个人身份证明；（3）无居民海岛使用权证书或者无居民海岛使用临时证书；（4）有关批准文件、证明文件和材料。

（四）附属权利说明及评析

基于《海岛保护法》已明确沿海县级以上地方人民政府海洋主管部门负责本行政区域内无居民海岛保护和开发利用管理的有关工作。因此，通过公开竞标取得无居民海岛使用权的企业，可向当地海洋行政主管部门办理使用权登记。但是，如前所述海岛使用权不是单一的权利，而可能是包含无居民海岛、林木、矿藏、海域、滩涂、岸线等多种资源权利的集合。那么，属于无居民海岛使用权范围内的无居民海岛、林木、岸线、海域等，以及使用权人在无居民海岛进行经营性开发利用过程中形成房屋、码头等财产，是否可以分别单独办理权属登记，尚无明确规定。虽然无居民海岛上的其他财产的权属界定应该是清晰的，但法律只明确了无居民海岛使用权登记的规定，没有就无居民岛上某个单项财产办理权属登记的规定。如果允许其他财产单独办理权属登记形成单独的财产权，就会发生单独财产权的流转问题，这就会对海岛的整体开发和后续管理带来重大障碍。因此，在目前状态下，除用于房地产开发经营用途的无居民海岛外，其他无居民海岛的权属登记应仅限于海岛使用权。

第六章

无居民海岛收储价格评估

国家海洋局发布的《关于海域、无居民海岛有偿使用的意见》指出，"将生态环境损害成本纳入海域、无居民海岛资源价格形成机制，利用价格杠杆促进用海用岛的生态环保投入。"《意见》指出了需要制定无居民海岛价格，这也是无居民海岛有偿使用十分重要的一步。尤其是对其开发利用无居民海岛，需要科学确定无居民海岛收储价格，制定好评估政策，才能使有偿使用工作健康、有序推进。

一、无居民海岛收储价格

（一）无居民海岛收储价格内涵

无居民海岛收储价格由无居民海岛收储成本和储备机构运营利润两者构成，其中无居民海岛收储成本指无居民海岛整理储备项目从实施征收、收购到供应前发生的全部费用。即收购主体为回收无居民海岛使用权所付出的代价，既包括实施征收或收购工作前期的权属登记、现状调查、制图等费用，又包括收购期间对无居民海岛使用权、无居民海岛增值收益和地上附着物拆迁等方面的补偿费用及相关税费，还包括无居民海岛储备期间承担的财务成本和管理成本。

无居民海岛的稀缺性和位置的固定性决定了无居民海岛收储价格区别于一般商品，通常表现为过程价格和即时价格。过程价格的形成受无居民海岛自身价值、市场供需和无居民海岛收储制度运行模式等因素影响，反映了无居民海岛价值的形成过程，同时揭示了无居民海岛的成本水平，即无居民海岛供给方转让无居民海岛使用权的交易价格下限。即时价格是指在过程价格的基础上，无居民海岛交易的现价。主要受交易时收购双方的买卖意愿、市场平均价格和政策等因素决定，反映了上地收储价格的形成过程。无居民海岛收储价格是过程价格和即时价格的统一，其形成过程复杂多样，但最终无居民海岛收储价格的确定必须以政府收购无居民海岛的需要和法律赋予被收购方对无居民海岛拥有的权利和利益相统一为前提。

无居民海岛资源的生态价值也决定了其收储价格的特殊性。在制定无居民海岛收储价格时应该遵循生态优先、环境有价的原则，将生态环境损害成本纳入收储价格形成机制，突出生态环境对无居民海岛价值的影响，调节海洋生态环境和海洋开发利用活动之间的利益关系，强化政府对无居民海岛生态环境管控，提升无居民海岛资源保护和合理利用水平，实现无居民海岛资源开发利用和保护的生态、经济、社会效益相统一。

（二）无居民海岛收储价格的特征

区域性。无居民海岛自身的不可移动决定的其价格变化多样，即使是无居民海岛自然性质完全一样，无居民海岛所处区位不同，其收储价格也不尽相同，通常离陆较近的地区，无居民海岛收储价格普遍高于离陆较远的地区。

多样性。不同用途其收储价格应该有所不同，对经营性海岛应该本着市场机制的作用来决定，对非经营性海岛，可以少收，甚至免收收储价格，直接进入收储环节，纳入海域海岛储备机构。

政策性。无居民海岛的稀缺性和自然供给的无弹性决定了无居民海岛的开发利用需要政府的宏观调控。在无居民海岛收储过程中，收储制度的运作模式和海岛利用规划等相关政策发生变化，无居民海岛收储价格也会随之变化。

（三）无居民海岛收购价格测算评估的基本原则

1. 最低价和等效价结合原则

无居民海岛使用权出让实行最低价限制度。按照财政部、国家海洋局发布的《无居民海岛使用金征收使用管理办法》和《调整海域无居民海岛使用金征收标准的通知》规定，无居民海岛使用权价值实行等级、最低价标准。在无居民海岛收购时也应该参考相关标准，在无居民海岛收购时应该兼顾以下原则：一是无居民海岛等级。依据经济社会发展条件差异和无居民海岛分布情况，将无居民海岛划分为六等，对每个县区实行不同等级，相对应不同的最低价。二是无居民海岛用岛类型界定。根据无居民海岛开发利用项目主导功能定位，将用岛类型划分为九类：旅游娱乐用岛、交通运输用岛、工业仓储用岛、渔业用岛、农林牧业用岛、可再生能源用岛、城乡建设用岛、公共服务用岛、国防用岛。三是无居民海岛用岛方式。根据用岛活动对海岛自然岸线、表面积、岛体和植被等的改变程度，将无居民海岛用岛方式划分为六种：原生利用式、轻度利用式、中度利用式、重度利用式、极度利用式和填海连岛与造成岛体消失的用岛。四是无居民海岛权益状况。部分无居民海岛收购还存在权属问题，在确定收购价格时候必须将收购时候的权属利益纳入其中。根据各用岛类型的收益情况和用岛方式对海岛生态系统造成的影响，在充分体现国家所有者权益的基础上，将生态环境损害成本纳入价格形成机制，确定无居民海岛收购标准。

2. 收购价与补偿费分离原则

无居民海岛收购价格与补偿费分离原则的基本涵义，是在确定无居民海岛收购价格时单纯地以与被收购无居民海岛经济主体权力相一致的现实用途的市场价格作为确定依据，与补偿费用区别开。无居民海岛收购价格与补偿费是两个完全不同的概念，市场经济条件下价格是在市场上根据成本、利用收益和供求关系决定；而补偿费则是政府为实现某一目标而规定的补助费用，其通常考虑的是被收购者的生活和居住水平，而不考虑无居民海岛本身的价格及其生态价值。在确定无居民海岛收购价格时应当明确无居民海岛收购价格与补偿费确定依据和作用的完全不一致性，在无居民海岛收购价格确定时应当完全排除补偿的因素，以与被收购无居民海岛经济主体权力相一致的现实用途无居民海岛市场交易价格作为地价确定的依据。这里需要强调的是，由于无居民海岛收购是一种强制性"买卖"，有时按与被收购无居民海岛经济主体权力相一致的市场价格确定的价格不足以弥补被收购者的实际损失，导致被收购者重新置业和经营的困难，这时应当对被收购者进行无居民海岛价格以外的补偿。如在温州、舟山一些地方无居民海岛使用权、滩涂权和林业权是具有法律意义的权益，这些权益是当地居民赖以生存的资源，一旦收购可能会影响居民的生活，因此，对其经济补偿是一种福利性补偿。我国实行的社会主义市场经济，保障人民生活水平不断提高是社会主义优越性的重要体现，这也就决定了对无居民海岛收购价格以外的补偿是必须的，但确定收购价格时不能将价格以外的补偿费混同考虑。

3. 权利与收益综合原则

无居民海岛收购费用标准应遵循相关法律、法规和规定，应以合法使用和合法处分为前提。无居民海岛收购标准，须以取得收购对象"最大使用效益（经济效益和生态效益）"为前提，来测算其收购价格，并根据因社会经济发展变化导致最大使用效益的用途变化进行调整。无居民海岛收购价格，应参照无居民海岛所处区域、城市无居民海岛经济价值和效用的大小，在正常利用条件下未来客观有效的预期收益为依据进行测算。

4. 保护优先与开发适度原则

无居民海岛使用权出让评估要维护无居民海岛的生态特性和基本功能，服从无居民海岛的利用方向，符合《全国海岛保护规划》《全国海洋功能区划（2011~2020年)》和《无居民海岛单岛保护规划》的前提下，适度开发无居民海岛，提高无居民海岛开发利用的合理性，以促进经济建设和生态建设。

5. 最佳用途原则

无居民海岛资源可以用于许多用途，并且每种用途都会给其权利享有者带来一定的经济收益。但不同使用方向给其权利享有者所带来的经济收益是不同的，无居民海岛收储价格也是一种价值评估对既不能按照经济收益最低的用途进行估价，也不能按照其平均的经济收益水平进行估价。由于在正常情况下，无居民海岛收储中应按照其最佳用途来评估其收储价格。

6. 合理预期原则

无居民海岛收储价格具有其特定的发展变化规律，由于供给量的有限性和需求量的不断增长，从长期来看其价值量具有不断上涨的趋势。从短期来看，无居民海岛收储价格还要受到社会对未来市场价值变动预期的影响。尽管这种预期可能是理性的，也可能是非理性的，但它对无居民海岛市场价格变动的影响是非常明显的。因此，无居民海岛收储价格评估过程中，必须考虑到这一因素的影响，尽量使评估出的无居民海岛收储价格接近于实际的市场价格，以利于出让后的价值评估。

7. 贡献原则

贡献原则的基本涵义，是要求确定无居民海岛收购价格与被收购无居民海岛经济主体对无居民海岛增值形成的贡献或者其对无居民海岛收益权相一致。这里所说的无居民海岛增值，指由于经济发展和无居民海岛改造投资的改良而造成的用岛价格上涨，具体分析这种上涨比较复杂，但从界定政府与被收购无居民海岛的经济主体对增值额的贡献角度分析则相对简单。归属于政府或社会公共所有的无居民海岛增值范围非常广泛，主要有政府对基础设施、公共设施投资的增值导致的无居民海岛增值。而归属于被收购无居民海岛经济主体的增值，主要是其对该宗海岛的资金和劳动力投入导致的增值。无居民海岛收购价格只能以与被收购无居民海岛经济主体对无居民海岛增值贡献相一致的原则确定，归属于政府的增值不能计算在收购价格以内，特别是由于无居民海岛收购或规划的改变导致的海岛增值不能包括在收购价格确定范围内。

二、无居民海岛收购费用测算评估程序

无居民海岛收购价格费用测算是一项非常复杂的经济活动，其实质是对无居民海岛的价值评估的过程，因此，其测算过程或评估过程有一个基本程序。国内有很多专家学者做了探索，广东、浙江等省份也做了一些尝试。但是由于缺乏有针对性和成功的无居民海岛价格评估案例，使得无居民海岛价格评估停留在理论层面和探索层面。只有经得起实践检验的价值评估，才能保证评估活动符合客观经济规律的要求，才能保证价值评估的质量。因此，在进行无居民海岛收购价格测算开始之前，必须首先确定无居民海岛价值的评估程序，可以说无居民海岛收购费用测算过程复杂程度远远高于无居民海岛使用权价值评估过程，一般价值评估仅是对海岛本身，而收购价格的评估或测算还需要考察海岛取得费用中的补偿费用等。在一些地方的实际使用过程中也将无居民海岛收购费用和无居民海岛价值评估等同，有其合理的一面，本书在这部分研究中既借鉴了广西、广东等地在

无居民海岛使用权价值评估体系，也参考土地收购储备价格测算方法和程序❶。通常，一个完整的无居民海岛收购费用测算程序主要包括：拟定测算评估计划、确定测算评估事项、签定测算评估合同、收集测算评估资料、选择测算评估方法、评定测算评估结果和撰写测算评估报告七个基本步骤❷。

（1）拟定测算评估方案。王晓慧等人❸指出，无居民海岛价格费用测算是在评估程序的基础上，对不同评估步骤的评估任务以及评估工作人员和评估经费等进行的全面安排。它是评估程序的具体化，是开展无居民海岛价值评估业务首先必须进行的准备工作。因此，必须拟定科学的、详细的评估计划，明确评估的工作程序和操作规程，确定每项工作的完成时间，明确不同人员的业务分工，以指导评估工作的顺利进行。因此，它是无居民海岛价值评估中一项非常重要的工作，是控制评估进度、协调各项评估工作之间关系的重要依据，是完成评估任务提高评估质量的重要保证，是无居民海岛价值评估前必须完成的工作。

编写测算评估方案，一般而言，应包括以下几项：1）评估对象基本情况简介；2）评估拟采用的技术路线和评估方法；3）需要调查的资料及取得途径；4）预计所需的时间、人力和经费。

（2）确定评估事项。在评估计划确定之后，应按照评估计划的要求首先确定无居民海岛价值评估的基本事项。通常，这些基本事项主要包括，无居民海岛的基本情况、无居民海岛的权利状态、无居民海岛评估的目的和无居民海岛评估的时点。其中，无居民海岛的基本情况主要包括，待估无居民海岛的位置、范围、用岛类型、用岛方式、等别、使用面积、权属状况、评估基准日以及是否附有建筑物、构筑物，和其他自然资源如林业资源、矿产资源、淡水资源等。无居民海岛的权利状态主要包括无居民海岛的产权状况，即权利享有主体享有的是何种无居民海岛权利，是所有权还是其他物权；无居民海岛所有权上是否设有他项物权，如地上权、租赁权、抵押权等。无居民海岛评估的目的是指无居民海岛价值评估结果的用途，是为了企业或个人资产的清算、实物投资，还是被征用、抵押、租赁。无居民海岛评估时点是确定评估结果的准确时间，以确定评估结果的有效期限，它是保证评估质量的重要措施。

（3）签定评估合同。评估合同是无居民海岛评估单位与无居民海岛评估委

❶　江平．中国土地立法研究［M］．北京：中国政法大学出版社，1999．

❷　该提法与全国海洋标准化技术委员会关于《无居民海岛价值评估规程》海洋行业标准公开征求意见的通知中的《无居民海岛价值评估规程编制说明》有所不同，该说明中评估程序主要包括明确评估基本事项、拟定评估作业方案、收集、整理和分析资料、实地查勘评估对象、无居民海岛出让价格测算、无居民海岛出让价格方法测算无居民海岛出让价格、确定无居民海岛价值评估结果和撰写评估报告 6 个步骤，但本质上是相同的。

❸　王晓慧，崔旺来．海岛估价理论与实践［M］．北京：海洋出版社，2015．

托单位之间，为明确双方的权利义务关系而签定的书面协议。通常，无居民海岛评估合同的内容主要包括，评估委托单位明确的评估委托意思表示，委托评估无居民海岛的具体范围，对评估质量的具体要求，对评估结果的具体要求，评估报告的具体交付时间；为配合评估单位开展评估业务，评估委托单位所应承担的责任，包括现场勘察责任、相关资料提供责任和其他协助责任；确定的评估费用数额和支付时间，评估双方的违约责任等。评估合同应到有关公证机构办理公证手续，以取得相应的法律保护。

（4）收集评估资料。无居民海岛评估是以各种相关的评估资料为基础的，没有评估资料，评估工作就无法正常进行；评估资料是否客观、真实、全面和及时，直接影响到评估的结果是否具有科学性合理性。因此，在无居民海岛评估实际开展前，必须对有关无居民海岛评估的各种资料进行必要核实、整理和分析。通常，无居民海岛评估的所需资料主要包括，一般性因素资料、区域性因素资料、特殊因素资料，以及有关无居民海岛实际交易资料等，具体包括：收集评估对象的社会经济条件资料，掌握所在地区社会经济发展状况、无居民海岛开发利用规划、岛上基础设施条件、开发利用现状等基本情况；收集评估对象的自然生态环境资料，掌握海岛面积、离岸距离、岸线长度、整岛植被覆盖率、淡水资源、沙滩资源、珍稀濒危物种等基本情况；以行政审批方式出让无居民海岛的，应收集无居民海岛开发利用具体方案、使用论证报告、无居民海岛保护和利用规划等资料；以招标、拍卖、挂牌方式出让无居民海岛的，应收集出让方案、无居民海岛保护和利用规划等资料；与评估对象相似的无居民海岛的交易案例资料；与评估对象毗邻的陆地或海岛的土地基准地价和土地交易资料；其他相关资料。资料的收集方法可以进行现场勘察，也可以要求委托评估单位提供，或到政府有关部门查阅、咨询。最后要对收集到的有关资料进行整理和分析，以作为实际评估的依据。

（5）选择评估方法。无居民海岛评估方法，是依据各种相关的无居民海岛评估理论和评估目的建立起来的。因此，不是任何一种评估方法可以适用于所有的无居民海岛评估，也不是任何一种无居民海岛评估都可以任意选择一种评估方法。评估方法的选择，要符合评估的实际需要，要能够满足评估目的的要求，并要符合本次评估的实际情况。通常，无居民海岛评估的基本方法主要有三种，即成本法、比较法和还原法。成本法是以成本为评估的出发点，比较法是以相近无居民海岛的替代关系为出发点，还原法是以无居民海岛收益还原为出发点。

（6）评定评估结果。为保证评估结果的客观性，通常都要根据实际情况采用几种符合评估要求的方法进行评估，这样就会使其各自的评估结果之间产生一定的差异。各评估方法测算结果差异小于20%的通过简单算术平均法确定评估结果，其他情形可采用加权平均方法，在分析差异原因、确定权重并说明理由的基础上计算结果。因此，在采用不同的方法对无居民海岛进行评估后，还必须根据评估的目的、原则，结合评估者的知识、经验，以及无居民海岛评估的影响因素和市场行情等。

（7）撰写评估报告。评估报告一般分三个部分：第一部分摘要，第二部分评估报告，第三部分附件。第一部分具体包括：项目名称、委托评估方、受托评估方、评估目的、评估对象、评估基准日、价格定义、评估结论、评估人员、评估机构；第二部分是报告的主体部分，包括：评估对象概况（说明评估对象地理位置、面积、用途、权属性质及权属变更等）、影响因素说明（包括拟定的相关规划文件、待估海岛基础设施条件、待估海岛资源环境条件）、评估原则、评估方法和测算过程、评估结论、评估依据、报告有效期。

三、无居民海岛收储价格的构成

根据生产费用价值理论，生产费用价值论认为价值是由生产费用决定的，生产费用则是劳动、资本、土地等生产要素的价格。生产费用价值论也认为，商品的价格由商品的价值决定，而商品的价值是生产商品的必要费用所决定的。因此，企业在制定价格时都要求价格不能低于已投入的必要费用，这个必要费用包括正常的成本投入和相应的利润❶。无居民海岛作为可以交易的商品，其表现出来的无居民海岛价格则由交易过程发生的所有费用构成，包括无居民海岛取得费、无居民海岛开发费、税费、利息、利润等，同时考虑到无居民海岛作为典型的不动产，具有保值增值性，无居民海岛价格还应包括无居民海岛的增值收益。无居民海岛价格的确定以成本法为计算方法，以生产费用价值论作为理论依据。

因此有：无居民海岛收储价格＝无居民海岛取得费+无居民海岛开发费+税费+利息+利润+无居民海岛增值收益

（在确定无居民海岛取得费时，首先需要确定最低价，在此基础上去确定相关费用，如开发费、增值收益等。最低价计算公式为"无居民海岛使用权出让最低价＝无居民海岛使用权出让面积×出让年限×无居民海岛使用权出让最低标准"。）

无居民海岛收储制度的实施一方面加强了国家对无居民海岛市场的调控，同时也确保无居民海岛的保值增值。无居民海岛收储价格作为海岛价格新的表现形式，其形成过程凝结了更多的人类劳动和费用投入，如：前期的无居民海岛评估、现状调查、权属登记和后期的生态养护等。

---

❶　卢森贝.《资本论》注释第三卷［M］.北京：生活·读书·新知三联书店，1963.

无居民海岛储备机构管理收益，其中无居民海岛取得费是指收购阶段发生的前期费用和无居民海岛补偿费用，无居民海岛开发费是指整理阶段发生的整理开发费用和储备阶段的临时看管和生态修复费，税费为无居民海岛权属转让过程中发生的税费，利息为收储过程中发生的财务费用。具体价格构成见表6-1。

表6-1　无居民海岛收储价格构成表

无居民海岛收储价格构成	前期费用	海岛评估费用
		现状调查费用
		权属登记费用
		制图费用
	补偿费用	产权补偿费用
		地上附属物补偿费用
		税费
	生态和看管费用	生态修复、养护费用
		看管费用
	财务费用	
	管理费用	
	需另行计入的有关费用	
	其他费用	
	海域海岛储备机构运营成本	

四、无居民海岛收储价格影响因素分析

（一）无居民海岛价格影响因素

无居民海岛作为沿海城市的重要资产，其价格影响因素繁多，区域差异大。国内对无居民海岛价值评估研究较少，各学者对影响因素分类也提出不同的看法。目前，仅有《广西壮族自治区无居民海岛使用权出让评估办法》《广东无居民海岛使用权价值评估技术规范》相对比较成熟的评估标准，学者中也为数不多，王晓慧在《海岛估价理论与实践》一书中比较全面地阐述了海岛价值评估的内涵与实践应用，贺义雄等人在《无居民海岛价值评估理论与方法初探》一文中也对无居民海岛价值评估理论进行探讨。但是目前国内学者对无居民海岛价格的评估大多只停留在一般因素考虑上，即只考虑自然资源因素、社会经济因

素、自然环境因素，未考虑区域因素和个别性因素❶。我国无居民海岛交易市场运行不够成熟，交易方式多样，影响因素复杂，可以将无居民海岛价格影响因素分成一般因素、区位因素和个别因素三类，具体分类见表6-2。

表6-2　无居民海岛价格影响因素分类

一般因素	自然资源因素	用岛面积
		海岛滩涂面积
		岸线长度
		矿产储藏量
		森林资源蓄积量
		淡水资源缺水率
		岛陆生物资源丰度
	社会经济因素	码头通过能力
		用岛项目相关行业就业人数
		单位面积基础设施建设费
		区域人均GDP
		区域物价水平
		海岛使用权交易市场状况
	行政因素	区域经济与产业政策
		海岛保护规划限制
		海洋功能区划限制
		相关产业发展规划限制
	自然环境因素	海洋灾害发生频次
		海洋灾害发生强度
		海岛面积变化率
		海水质量指数
区位因素	毗邻地区商业繁华度、离岸距离、所在地区无居民海岛最低价	
个别因素	无居民海岛使用年限、生态修复成本、相关补偿费用	

（1）一般因素。自然资源因素是指反映海岛区域内自然资源禀赋的空间资源状况、生态资源、旅游资源丰度以及港口开发适宜性等因素，主要包括港湾、用岛面积、海岛滩涂面积、海岛岛体体积、岸线长度、岸线水深、水产资源指数、岛陆经济生物资源丰度、森林资源蓄积量、淡水资源缺水率、旅游资源多样

---

❶　一般因素是指只考虑纯粹无居民海岛，或未开发的无居民海岛，对已有开发利用的无居民海岛未进行考虑。因此，评估停留于理论层面，很大程度上不具有应用价值。

性、旅游资源稀缺性、适游时间等。在考虑自然资源因素时候，我国《无居民海岛使用金征收标准》提出了对无居民海岛上的珍稀濒危物种、淡水、沙滩等资源价值一并进行出让前的价值评估。

社会经济因素是指反映海岛地区经济社会发展水平的区域发展状况、交通条件、交易市场活跃度等因素，主要包括离岸距离、就业人数、单位面积基础设施建设费等。

行政因素是指影响无居民海岛的相关政策性因素，包括区域经济与产业政策、海岛保护规划限制、海洋功能区划限制和相关产业发展规划限制。

自然环境因素是指反映海岛地区自然环境条件、自然环境影响、环境污染状况、生态系统影响等因素，主要包括植被覆盖率、年平均气温、积温、年宜居天数、年适宜作业天数、港口年均适航天数、土壤表层土壤质地、地形、海洋灾害、海岸侵蚀、港域年均含沙量变化率、海水质量、海岛环境、湿地面积退化、潮间带生物多样性与海岛地貌改变程度等。

（2）区位因素。指与无居民海岛毗邻或最短距离区域的繁华程度及离岸距离、公用设施及基础设施水平、区域环境条件、海岛使用限制和所在地区无居民海岛最低价等。

（3）个别因素。指无居民海岛自身的价格影响因素，包括海岛自身的自然条件、开发程度、无居民海岛使用年限、生态修复成本、相关补偿费用（含各种资源权属利益以及岛上建筑物、构筑物补偿）等。

（二）主要用岛价格影响因素

（1）主要用岛类型。考虑到部分用岛类型的影响因素高相似性，2018年新颁布的《调整海域无居民海岛使用金征收标准》将原来的15种用岛类型归为9种类型用岛，分别为旅游用岛、交通运输用岛、工业仓储用岛、渔业用岛、农林牧业用岛、可再生能源用岛、城乡建设用岛、公共服务用岛和国防用岛9大用岛类别。按照市场化原则，我们只对旅游用岛、交通运输用岛、工业仓储用岛、渔业用岛、农林牧业用岛、可再生能源用岛做价格评估。

（2）旅游用岛影响因素分析。

自然资源因素主要分析：用岛面积、港湾、海岛滩涂面积、岸线长度、岸线水深、海岛陆域宽度、旅游资源多样性、旅游资源稀缺性、适游时间等。

社会经济因素最主要分析：区域人均GDP、依托地区星级酒店的床位数、滨海旅游人数、单位面积基础设施建设费等。

行政因素主要分析：旅游经济与旅游产业政策、海岛保护规划限制、海洋功能区划限制和旅游产业发展规划限制。

自然环境因素主要分析：海岛休闲活动指数、海底观光指数、海岛观光指数、海滨观光指数、海水浴场健康指数、地形坡度、海洋灾害发生频次、海洋灾害发生强度、海岛环境质量指数、海水质量指数、海岸侵蚀、潮间带生物多样性、工程建设影响程度等。

区位因素主要分析：与无居民海岛毗邻或最短距离区域的繁华程度及离岸距离、公用设施及基础设施水平、区域环境条件、海岛使用限制和所在地区无居民海岛最低价等。

个别因素主要分析：海岛自身的自然条件、开发程度、无居民海岛使用年限、生态修复成本、相关补偿费用等。

（3）工业仓储用岛影响因素分析。

自然资源因素主要分析：港湾、用岛面积、海岛滩涂面积、岸线长度、岸线水深、海岛陆域宽度、与大型港口距离、海岛陆域宽度、水域宽度等。

社会经济因素主要分析：区域人均 GDP、毗邻工业用岛价格、单位面积基础设施建设费等。

行政因素主要分析：工业经济与工业政策、海岛保护规划限制、海洋功能区划限制和工业发展规划限制。

自然环境因素主要分析：港域年均含沙量变化率、港口年均适航天数、海洋灾害发生频次、海洋灾害发生强度、海水质量指数、海岛环境质量指数、海岸侵蚀、工程建设影响程度等。

区位因素主要分析：离岸距离、与主航道距离、公用设施及基础设施水平、区域环境条件、海岛使用限制和所在地区无居民海岛最低价等。

个别因素主要分析：海岛自身的自然条件、开发程度、无居民海岛使用年限、生态修复成本、相关补偿费用等。

（4）农林牧业用岛影响因素分析。

自然资源因素主要分析：用岛面积、岸线长度、岸线水深、海岛滩涂面积、淡水资源缺水率、水产资源指数、森林资源蓄积量、岛陆经济生物资源丰度等。

社会经济因素主要分析：区域人均 GDP、农林产品市场需求、第一产业从业人员数等。

行政因素主要分析：农林牧经济与农林牧产业政策、海岛保护规划限制、海洋功能区划限制和农林牧产业发展规划限制。

自然环境因素应重点分析：积温、丘陵山地占比、表层土壤质地、土壤有机质含量、植被覆盖率、海洋灾害发生频次、灾害性天气天数、海水质量指数、土壤综合污染指数、海岸侵蚀、湿地面积退化率、潮间带生物多样性等。

区位因素主要分析：与无居民海岛毗邻或最短距离区域的繁华程度及离岸距离、公用设施及基础设施水平、区域环境条件、海岛使用限制和所在地区无居民海岛最低价等。

个别因素主要分析：海岛自身的自然条件、开发程度、无居民海岛使用年限、生态修复成本、相关补偿费用等。

（三）收储价格影响因素

无居民海岛收储价格是由无居民海岛自然资源价格、无居民海岛固定资产价格、垄断价格以及管理收益构成，目前我国学者对无居民海岛收储价格影响因素的研究较少，主要是基于无居民海岛价格影响因素，借鉴无居民海岛价格形成机制从政策、市场供需和经济等方面来探讨无居民海岛收储价格的确定。学者王颖根据目前无居民海岛储备的来源和补偿标准现状，总结出不同收购方式下的无居民海岛收储成本构成差别巨大，她认为影响无居民海岛收储价格的影响因素主要包括：区位因素、无居民海岛用途、无居民海岛储备年限、原无居民海岛获取成本和无居民海岛收购方式等。程远青从收储价格构成的角度出发，梳理了收储成本主要包括无居民海岛取得费、开发整治费、管理费、利息和规划设计费用，并对各项费用的影响因素进行了分析。结果表明收储价格的确定与政策因素、社会因素、储备地自然条件、无居民海岛规划、无居民海岛储备机构的人员设置和管理水平，贷款额度和储备周期等因素密切相关。

从无居民海岛类型来看，有旅游娱乐用岛、交通运输用岛、工业仓储用岛、渔业用岛、农林牧业用岛、可再生能源用岛、城乡建设用岛、公共服务用岛、国防用岛九类用岛的级别基准价；从海岛利用方式来看，有原生利用式、轻度利用式、中度利用式、重度利用式、极度利用式五种类型的级别基准价；从海岛等级来看，我国将无居民海岛划分为六等。因此，现有的无居民海岛最低价格是按照用岛类型和用岛方式、海岛等级确定的。我们认为，无居民海岛具有特殊特定，需要细化指标，为此，我们认为无居民海岛收储价格的影响因素主要包括两个指标层，其中一级指标分为海岛等级、用类类型、海岛利用方式、当地经济发展水平、补偿标准、海岛储备规模及无居民海岛储备机构管理水平七大类。

（1）海岛区位（等级）。无居民海岛区位是指无居民海岛所在的空间位置及无居民海岛与其他事物的空间的联系，也是划定无居民海岛等级的主要参考依据。区位因素包括所在区域的商服繁华度、离岸距离、交通通达度、生态保存情况等，这些变量主要影响收购环节的无居民海岛收购补偿费用。结合指标量化的可行性，书中选取了离岸距离、交通通达度、生态保存三个变量作为区位因素的指标因子。

（2）用岛类型。用岛结构反映了无居民海岛的用途、开发方式及利用结构，也是影响征岛补偿标准重要指标。本研究选取了开发面积占比、用途方式代表该因素的指标因子。这类指标一般作用于收储环节的收购成本和储备阶段成本，市场对经营性用岛需求量大，储备库中经营性用岛比重较大的机构，无居民海岛储备周期短，发生的储备成本也较少；在收购环节中，拟储备无居民海岛的现状用途与规划用途的一致性越高，收购费用越高。

（3）海岛利用方式。根据用岛活动对海岛自然岸线、表面积、岛体和植被等的改变程度，将无居民海岛用岛方式划分为六种。不同利用方式的无居民海岛界定见表6-3。

表6-3 不同利用方式的无居民海岛界定

方式编码	方式名称	界 定
1	原生利用式	不改变海岛岛体及表面积，保持海岛自然岸线和植被的用岛行为
2	轻度利用式	造成海岛自然岸线、表面积、岛体和植被等要素发生改变，且变化率最高的指标符合以下任一条件的用岛行为： （1）改变海岛自然岸线属性≤10%； （2）改变海岛表面积≤10%； （3）改变海岛岛体体积≤10%； （4）破坏海岛植被≤10%
3	中度利用式	造成海岛自然岸线、表面积、岛体和植被等要素发生改变，且变化率最高的指标符合以下任一条件的用岛行为： （1）改变海岛自然岸线属性>10%且<30%； （2）改变海岛表面积>10%且<30%； （3）改变海岛岛体体积>10%且<30%； （4）破坏海岛植被>10%且<30%
4	重度利用式	造成海岛自然岸线、表面积、岛体和植被等要素发生改变，且变化率最高的指标符合以下任一条件的用岛行为： （1）改变海岛自然岸线属性≥30%且<65%； （2）改变岛体表面积≥30%且<65%； （3）改变海岛岛体体积≥30%且<65%； （4）破坏海岛植被≥30%且<65%
5	极度利用式	造成海岛自然岸线、表面积、岛体和植被等要素发生改变，且变化率最高的指标符合以下任一条件的用岛行为： （1）改变海岛自然岸线属性≥65%； （2）改变岛体表面积≥65%； （3）改变海岛岛体体积≥65%； （4）破坏海岛植被≥65%
6	填海连岛与造成岛体消失的用岛	

（4）当地经济发展水平。区域的经济发展水平属于区位因素之一，考虑到部分海岛的补偿标准与区位条件的好坏呈现出非正相关关系，因此将当地经济发展水平单独列出作为无居民海岛收储价格的影响因素之一。本研究选取了地区生产总值和人均年纯收入来衡量该区域的经济发展水平，分析其对无居民海岛收购和补偿成本、生态修复成本的影响程度。

（5）补偿标准。补偿标准是对已有权利的一种有效回应，是历史遗留的处置方式，是法前物权的补偿。储备部门应该制定出符合地方实际、海岛地理区位、相关部门对权利处置的一般标准，如林权处置可以参考林业部门对林权处置的一般标准，土地权利也可以参考土地处置的一般标准等。

（6）无居民海岛储备规模状况。无居民海岛储备状况综合反映了无居民海岛储备机构的无居民海岛储备现状，也是影响无居民海岛收储价格的重要因素之一，通常无居民海岛储备规模占比较高、无居民海岛储备平均周期较长的机构，负债率较大，运营风险较高，收储成本中的财务费用也较高。本书选取了无居民海岛储备规模占比和储备周期三个变量来衡量无居民海岛储备状况，考虑到无居民海岛出让后的半年之内会继续计算财务费用，因此无居民海岛储备周期的计算公式为：无居民海岛储备周期＝无居民海岛成本审核意见书下达日期−无居民海岛征收日期+0.5年。

（7）无居民海岛储备机构管理水平。无居民海岛机构管理水平的高低直接决定了无居民海岛储备期间的管理成本和运营收益，本研究选取了运行资金和工作人员数来反映无居民海岛储备机构的管理水平。

五、无居民海岛收储价格评估方法

无居民海岛收储价格的评估方法，是在无居民海岛收储价格测算评估过程中所使用的具体评估办法。它是依据各种相关的评估理论、不同的评估目的，以及不同的评估条件而设计的。通常，比较常用的无居民海岛收储价格测算评估方法主要包括开发成本法、市场价格比较法和收益还原法。

（一）开发成本法

无居民海岛开发成本法，是以无居民海岛开发成本为基础并考虑其他有关因素情况来具体确定无居民海岛价值的评估方法。其基本原理是生产费用理论，即认为成本费用和价值之间有着紧密的关系，费用是价值的主体，费用加上适当的利润即构成价值❶。无居民海岛开发成本是指投资开发无居民海岛所必须投入的开发资金。它通常主要包括两个方面：一是购置待开发无居民海岛所需要的费

---

❶　高立法，孙健南．资产评估［M］．北京：中国审计出版社，1997.

用，二是开发无居民海岛所需要的费用。此外，无居民海岛开发商投资开发无居民海岛并不是为了自己使用，而是为了将已经开发完成的无居民海岛出售给无居民海岛使用单位使用，从中取得无居民海岛开发投资收益。因此，开发商在出售已经开发的无居民海岛时必须取得相应的收益，即取得无居民海岛开发的投资收益。按照这一基本原理，用开发成本法计算无居民海岛价值的公式应为：

$$P = Y + D + R \quad 或 \quad P = (Y + D) \times r\%$$

式中，P 表示已经开发无居民海岛的出售价值，即无居民海岛开发成本价值；Y 表示未开发无居民海岛的出售价值，即无居民海岛所有权价值；D 表示未开发无居民海岛所需的正常开发投资额；R 表示开发无居民海岛的平均投资收益额；$r\%$ 表示开发无居民海岛的平均投资收益率。

无居民海岛开发成本法是一种重要的无居民海岛价值评估方法，其主要优点是计算简便，对评估资料的要求不高，甚至在无法取得现有资料的情况下也可以根据实际费用状况进行估算。但这种方法也存在着明显的不足，它没有考虑到无居民海岛所有权价值和无居民海岛开发投资的合理性，无论这些已根据实际费用状况进行估算。但这种方法也存在着明显的不足，它没有考虑到无居民海岛所有权价值和无居民海岛开发投资的合理性，无论这些投资是否合理、是否是必要投资，都作为计算无居民海岛开发成本价值的基础，可能会出现评估价值严重不合理的现象，特别是开发商为了最大投资利益，对无居民海岛盲目开发，在一定程度上可能会对无居民海岛生态系统和岛屿生态环境有一定损害。同时对开发后的增值效益也未能体现。

（二）市场价格比较法

市场价格比较法，是指在评估无居民海岛价值时，用条件类似的已成交的无居民海岛与待估无居民海岛进行各方面比较，并在此基础上按照评估无居民海岛的具体情况测算出待评估无居民海岛价值的评估方法。市场价格比较法是依据无居民海岛的替代性原理设计而成的，但近期无居民海岛市场上类似条件的无居民海岛同正在进行评估的无居民海岛，无论在内部条件上还是在外部条件上都不完全一致。因此，在运用市场价格比较法进行无居民海岛价值评估时，首先要求必须有比较发达的无居民海岛市场，有大量的类似无居民海岛可供比较，并且必须掌握大量类似条件的无居民海岛交易价格资料。其次，用于进行比较的市场无居民海岛价格资料，同正在评估的无居民海岛之间必须有较大的相关性和替代性。通常要求无居民海岛价值的影响因素必须基本统一，无居民海岛的自然属性必须基本一致，无居民海岛之间的用途必须基本相同，无居民海岛价格的交易时点必须比较接近，评估有关资料的来源必须可靠。

运用市场价格比较法进行无居民海岛价值评估，通常要经过收集选择比较标的、建立评估比较基础、进行评估因素修正和综合确定评估结果四个基本步骤。在收察选择比较标的时，要求收集的资料必须全面，选择的比较标的与评估无居民海岛之间必须具有较强的替代性。在建立评估比较基础的过程中，要求选择的无居民海岛交易标的与评估无居民海岛计量单位必须一致，无居民海岛之上和无居民海岛之下的附属物要基本一致。否则，必须进行无居民海岛与其附属物（林权、矿产权等）的分离，分别计算其相应的价值，以保证它们之间能够有共同的比较基础。在进行评估因素修正的过程中，要求对于没有共同比较基础或者不具有可比性的因素进行必要的修正，这些因素既包括决定无居民海岛价值的内部因素，也包括决定无居民海岛价值的外部因素。在此基础上确定每个同一计量单位比较标的无居民海岛的市场现在价值，并综合确定无居民海岛价值的评估结果。如果以公式表示，市场比较法可采用以下公式进行计算：

$$P = P_b \times K_{b1} \times K_{b2} \times K_{b3} \times K_{b4} \times K_{b5}$$

式中，P 为待估无居民海岛使用权出让价格；P_b 为比较实例价格；K_{b1} 为综合条件修正系数；K_{b2} 为交易时间修正系数；K_{b3} 为容积率修正系数；K_{b4} 为使用年期修正系数；K_{b5} 为用岛方式修正系数。

市场价格比较法是一种重要的无居民海岛价值评估方法，其主要优点是以现有无居民海岛市场交易价格为依据，具有较高的准确性和合理性。但这种方法也有不足，它必须占有大量的无居民海岛市场交易资料，并且估算过程中要进行大量的评估因素修正工作。因此，主要适用于同类无居民海岛交易比较频繁，评估资料比较全面、充分，并且从无居民海岛用途上看主要用于生产经营活动的无居民海岛价值的评定和估价。

（三）收益还原法

无居民海岛收益还原法是以一定的还原率，将无居民海岛未来各期所能获取的收益折算成评估时点的价值，从而计算出无居民海岛价值的评估方法。它实际上是将无居民海岛作为资本来看待，依据无居民海岛每期所能取得的净收益额来确定它作为资本所应有的价值量。

收益还原法又称为资源资本化法，它是将资源的纯收益按一定的还原利率资本化，即以一定的还原率，将无居民海岛未来各期所能获取的收益折算成评估时点的价值，从而计算出无居民海岛价值的评估方法。它实际上是将无居民海岛作为资本来看待，依据无居民海岛每期所能取得的净收益额来确定它作为资本所应有的价值量。如果假设无居民海岛每期的净收益额都相等，并以同一还原率对其现有价值进行还原。由收益还原法的原理我们可以看出，这种办法适用于以获取收益为目的的无居民海岛即开发经营性无居民海岛，如旅游用岛、娱乐用岛、工业用岛等，而对于学校科研用岛、海洋园等公益事业用岛的估价则不适宜。

在实际估价工作中，一般都假设未来各年无居民海岛纯收益固定不变，并且还原利率也保持稳定不变。亦称一定年期的无居民海岛使用权出让价格，目前在我国这是一种较普遍的价格形式。其计算公式为：

$$p = \frac{a}{r}\left[1 - \left(\frac{1}{1+r}\right)^{n}\right]$$

式中，p 为待估无居民海岛使用权出让价格；a 为无居民海岛纯收益；r 为无居民海岛还原利率；n 为无居民海岛收益年期或无居民海岛使用权年期。

第七章

无居民海岛收储的前期开发与管护

一般意义上把"生岛"变成"熟岛"的过程可视为无居民海岛前期开发过程，这一方面能够提升无居民海岛价格，另一方面也有助于提高开发成功的可能性。实际上，无居民海岛收储的前期开发远不止一般意义的"生岛"变成"熟岛"的过程，还涉及将已开发的无居民海岛理清权属关系，开展海岛生态修复等，以促进无居民海岛可持续开发。当然，对于收储机构进行前期开展的过程也面临很多风险，如资金风险、补偿风险等，这在一定程度上加重了收储机构的压力，但从有效性政府或积极政府的角度上讲，开展无居民海岛收储的前期开发是有助于无居民海岛有偿使用工作的开展。在开发后，也应对纳入储备的海域海岛采取必要的措施予以保护管理，防止侵害储备海域海岛权利的行为发生。

一、收储无居民海岛的开发整理

政府对待开发无居民海岛实施统一规划、统一出让、统一管理、统一收购、统一开发，然后将开发的"熟岛"由海域海岛储备机构组织以招标、拍卖或申请审批方式出让。这一行为中，广义的将"生岛"变"熟岛"的过程，我们认为是无居民海岛前期开发过程，包括了以上提出的两个方面。

无居民海岛"生岛"变"熟岛"的前期开发，如图7-1所示。

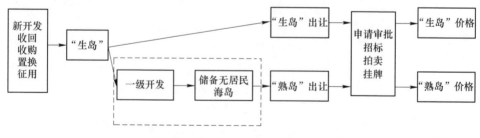

图7-1 无居民海岛"生岛"变"熟岛"的前期开发

对无居民海岛储备必须按批准的用途进行整理，如通水、通电、污水处理、岸线整治、动植物资源保护等，提升无居民海岛可开发条件，提高海岛利用价值，为使用权出让提供有利条件，并大大缩短使用权出让后项目单位的开发利用时限。

（一）收储无居民海岛前期开发利用活动

对于纳入收储计划且无违法违规情形的已确权无居民海岛，依法通过补偿、安置、置换等方式理顺权属关系，保护使用权人的合法权益。在开展无居民海岛前期开发利用活动时，应当遵守国家法律、法规、规章和当地政府的有关规定，不得损害公众利益，应加强管理，强化环境保护意识和措施，防止前期开发利用活动对无居民海岛环境造成严重影响。

1. 政策处理

（1）权属整理与补偿。根据有关规定，涉及的无居民海岛依法收回具体工作由沿海县区人民政府（管委会）或市政府指定的单位（海洋与渔业局或下属的海域海岛储备中心）依照无居民海岛补偿相关规定办理；沿海乡（镇）人民政府应当协助做好本辖区无居民海岛海岛使用权的具体收回和补偿工作。对征迁工作，需要做好相关人员外迁工作，确保"净岛"储备和出让；对原有建筑物、砂石场、林权、矿权等给予一定的经济损害补偿；对未到期收回无居民海岛使用权的也应该给予一定的经济补偿。

（2）无居民海岛不动产登记。根据《中华人民共和国无居民海岛使用权证书管理办法》《浙江省无居民海岛使用审批管理暂行办法》以及《不动产登记暂行条例》，无居民岛不动产登记主要确认无居民岛的权属、面积、用途、位置、使用期限和建筑物等，维护国家无居民岛所有权和使用权人的合法权益。完成相关政策处理后的无居民海岛要及时办理不动产登记工作，获得海岛使用权证书。无居民海岛不动产登记工作，包括首次登记、变更登记、转移登记、注销登记、抵押登记等类型登记。尤其是对政府有偿收回的无居民海岛，由市海洋主管部门办理使用权注销登记手续后纳入无居民海岛储备。

2. 基础设施建设

储备无居民海岛应做好前期开发工作，尤其是基础设施建设，以保证后期出让、开发建设需要，具体基础设施建设包括通讯、道路、供水、供电、污水处理、无居民海岛土地平整、岸线整治等工作，在前期开发工作中，必须确保海岛生态不被破坏，海域环境不被破坏。

3. 前期整治

在储备期间要做好无居民海岛生态环境整治，拆除危害环境的建筑物和设施，清理碎石、垃圾，整修岛上坍塌的人工岸线，确保收储的无居民海岛生态完好。损害具有重要经济价值、社会价值的无居民海岛生态环境的，利用无居民海岛的单位和个人应当进行整治和恢复；无法确定责任人的，由海洋与渔业行政主管部门组织进行整治与恢复。

4. 前期开发利用

在储备无居民海岛供应前，经海洋主管部门和财政主管部门的同意，海域海岛储备机构可以将无居民海岛或连同附属物建（构）筑物，通过出租、临时使用等方式开展前期开发利用。按照《海岛保护法》第三十四条规定，"临时性利用❶无居民海岛的，不得在所利用的海岛建造永久性建筑物或者设施。"储备无居民海岛的临时利用，一般不超过 2 年，且不能影响供应，即不能在无居民海岛上进行固定物的建设，不会影响无居民海岛的供应。

海域海岛收储机构对纳入储备的无居民海岛可采取自行管护、委托管护、临时利用等方式进行管护，包括：树标识；开展日常巡查，及时发现、报告和制止非法侵占、破坏储备无居民海岛的行为；对已有的建（构）筑物进行必要的维修改造；在需要的前提下，建设临时性建筑和设施等；对海岛生态环境进行重点监测和保护。

海域海岛收储机构及所在县区的人民政府还要做好维持辖区内储备无居民海岛的原貌，对违法用岛的，应当及时发现、及时制止、及时拆除。建立无居民海岛储备项目档案和台账，及时录入海域海岛储备监测监管系统，进行动态管理。

（二）无居民海岛前期开发的价值

当前我国对收购储备的无居民海岛有两种状态，一种是未开发状态的无居民海岛，另一种是已经进行开发的无居民海岛。不管是未开发还是已开发，如何提升无居民海岛价值和可持续利用是收储机构需要重点考虑的问题。这就涉及如何将"生岛"开发和"熟岛"开发的价值问题。

（1）不同无居民海岛收储的处理方式。"生岛"处理方式。由于相关的法律法规只规定了"旅游、娱乐、工业等经营性用岛有两个及两个以上意向者的，一律实行招标、拍卖、挂牌方式出让"，而并没有规定"招拍挂"中经营性无居民海岛的状态（"生岛"和"熟岛"），未明确禁止"生岛"参与"招拍挂"，因此，一般由收储公司在一级市场中购买无居民海岛，一些未开发的无居民海岛实际上为"生岛"，在购岛后对无居民海岛进行开发整理再出让。收储公司在一级市场中通过"招拍挂"购入"生岛"，可以获得相关的海岛使用权证，甚至后续能够以该岛进行融资。但"生岛"估价只能以特殊资源、潜在经济和社会价值

---

❶ 《海岛保护法》对法律用词含义中指出，"临时性利用无居民海岛，是指因公务、教学、科学调查、救灾、避险等需要而短期登临、停靠无居民海岛的行为"。

评估，难以体现融资的最大化。

收储公司在一级市场中"招拍挂"的"生岛"，如图 7-2 所示。

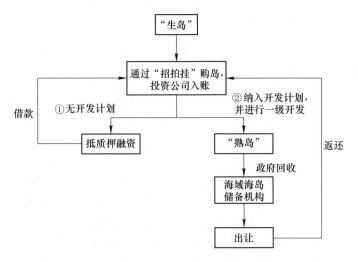

图 7-2 收储公司在一级市场中"招拍挂"的"生岛"

（2）无居民海岛收储"熟岛"工作。"熟岛"处理方式。收储公司也可以在一级市场中购买"熟岛"，这些熟岛往往是进行前期一定的开发，但还不具备出让条件，其在前期可以是由收储公司完成经济补偿和用岛一级开发，可直接用于经营建设。政府在收储公司购岛后会将无居民海岛使用金返还，且购得无居民海岛仅为收储公司融资，这种模式需要政府或收储公司拥有足够的财力支撑以补偿用岛前期的投资成本。"熟岛"在估价时不但估价其资源效益，并且前期开发增加了其价值，有助于融资最大化。

收储公司在一级市场中"招拍挂"的"熟岛"，如图 7-3 所示。

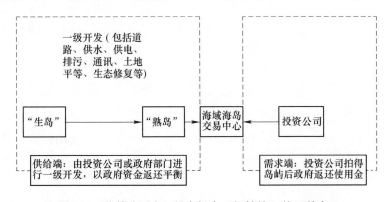

图 7-3 收储公司在一级市场中"招拍挂"的"熟岛"

(三) 無居民海島儲備前期開發方式選擇

（1）以海域海島儲備中心為主體的開發方式。海域海島儲備中心依據年初市政府批准的儲備計劃及工作任務，全程負責從規劃選址、立項、用島預審、委託修復、海島管理、"熟島" 出讓等前期工作。其工作流程如圖 7-4 所示。

圖 7-4　以海域海島儲備中心為主體的開發方式

該方式是海域海島儲備機構根據自己的收購計劃和本級政府的要求，通過委託修復、收購或與被收購單位委託評估機構，確立無居民海島收購價格，報本級財政審批，按照合同約定由海域海島儲備機構支付收購金、取得海島，並按照現行規定辦理相關手續後納入儲備。海域海島儲備機構取得無居民海島後，負責對無居民海島權屬登記、補償，生態修復、平整和相關基礎設施配套，對規劃條件成熟的儲備無居民海島，由海域海島儲備中心進行 "招拍掛"。

（2）市縣兩級共同開發方式。根據市政府的工作要求和儲備計劃，市海域海島儲備中心與縣區政府各按比例共同出資、共同實施，實現利益共享、責任共擔的機制。工作流程如圖 7-5 所示。

圖 7-5　市縣兩級共同開發方式

該方式是按照屬地原則，市與各縣區政府共同開發，項目的實施過程區政府全力投入，大大縮短了無居民海島儲備週期，保證了無居民海島開發順利進行，收到了較好效果。

（3）政府購買服務的開發方式。政府購買服務，是指通過發揮市場機制作用，把政府直接提供的一部分公共服務事項以及政府履職所需服務事項，按照一定的方式和程序，交由具備條件的社會力量和事業單位承擔，並由政府根據合同約定向其支付費用。政府在開展無居民海島收儲過程中，以購買服務方式將無居民海島的前期開發事項（包括碼頭、供水、供電、供氣、排水、通訊、照明、綠化、土地平整等基礎設施建設以及生態修復等）委託給第三方機構，由第三方完成前期開發工作，然後再由海域海島儲備機構出讓無居民海島。政府購買服務的开发方式如图 7-6 所示。

图 7-6　政府购买服务的开发方式

（4）成立收储开发公司的开发方式。政府成立收储机构和国有公司（成立的收储开发公司），由收储机构通过申请审批、"招拍挂"方式获得无居民海岛使用权，由收储开发公司实施前期开发改造任务，资金实行封闭运作。开发后划转或以收购等方式给海域海岛储备机构，变更海域海岛使用权证。由海域海岛收储机构进行出让。工作流程如图 7-7 所示。

图 7-7　成立收储开发公司的开发方式

这一开发模式，一方面转移了收储机构的资金风险、补偿风险，另一方面，也有助于做大收储开发公司等国有企业，这些国有企业既可以开展单纯的前期开发，也可以在前期开发的基础上寻求合作伙伴进行无居民海岛开发利用，或者进行抵押融资。

二、前期开发之海岛生态修复

（一）有效处理开发与保护的协调关系

无居民海岛的开发和利用已经逐步进入了法治化的轨道。我国《海岛保护法》第 3 条规定："国家对海岛实行科学规划、保护优先、合理开发、永续利用的原则。国务院和沿海地方各级人民政府应当将海岛保护和合理开发利用纳入国民经济和社会发展规划，采取有效措施，加强对海岛的保护和管理，防止海岛及其周边海域生态系统遭受破坏。"该规定体现了协调发展的原则。该法第 32 条的规定则更为具体："经批准在可利用无居民海岛建造建筑物或者设施，应当按照可利用无居民海岛保护和利用规划限制建筑物、设施的建设总量、高度以及与海岸线的距离，使其与周围植被和景观相协调。"可以说，无居民海岛的开发和利用始终离不开协调发展原则的指导，处理好开发利用与生态、能源、大气保护的关系将贯穿于无居民海岛使用权行使的始终。

（二）有效处理全面规划与有序开发的关系

这一原则关系在《环境保护法》和多部环境与资源保护的专项法律中得到体现。如《环境保护法》第 12 条规定，"县级以上人民政府环境保护行政主管部门，应当会同有关部门对管辖范围内的环境状况进行调查和评价，拟定环境保护规划，经计划部门平衡后，报同级人民政府批准实施"。《无居民海岛保护和利用管理规定》第 7 条也规定了这一关系。因此，在开发无居民海岛时，必须加强环境评估，使之符合无居民海岛功能区划要求，尤其是在当前国家高度重视生态环境之时，对无居民海岛开发过程中必须要处理这对关系，并落实到实际的开发利用过程，建立事前、事中、事后的全方位监控机制。

（三）建立无居民海岛生态补偿机制

实行严格的生态红线制度和围填海制度，加快制定无居民海岛海洋生态补偿机制办法，对无居民海岛实行定期修复和开发前的整治工作。探索建立多元化补偿机制，逐步增加对重点海洋生态功能区转移支付，完善海洋生态保护成效与资金分配挂钩的激励约束机制，调动无居民海岛开发利用利益主体保护海岛生态环境的积极性。此外，海岛管理部门也可以通过一些有效途径给予开发者优惠政策并不断释放政策红利，提高海岛开发利用主体的经济收益水平，如实施无居民海岛开发税收减免政策、设立无居民海岛保护专项资金、海域海岛使用金返还、提供海岛开发利用技术支持、鼓励无居民海岛生态旅游开发项目开展等。

严格实行海洋生态环境损害赔偿制度。强化开发者环境保护法律责任，建立一整套无居民海岛处罚办法，提高违法成本。健全海洋环境损害赔偿评估方法和实施机制，对违反环保法律法规和《关于印发国家海洋局拟定违法用岛行为立案处罚标准的通知》的，依法严惩重罚；对造成海洋生态环境损害的，以损害程度等因素依法确定赔偿额度；对造成严重后果的，依法追究刑事责任。

三、前期开发之岸线整治

海岛岸线是一个海岛的天然保护线，也是分割线。国内对海岛岸线的定义很多，大多数学者都认同的是海岛岸线的两个基本作用：一是海岛岸线是海岛与海域的分界线，二是岸线是计算海岛面积的领先，海岛岸线在有些地方还是建设港口、码头的重要沿线。因此，加强海岸保护和整治意义重大。

2018 年 2 月国家海洋局印发了《关于进一步推进生态岛礁工程实施的指导意见》和《生态岛礁工程建设指南》强调，不得改变海岛自然岸线属性，不得减少砂质岸线长度。《无居民海岛管理办法》提出建立自然岸线保有率控制制度，到 2020 年，全国自然岸线保有率不低于 35%（不包括海岛岸线）。《浙江省海洋资源保护与利用"十三五"规划》明确指出到 2020 年，大陆自然岸线保有率不低于 35%，整治和修复海岸线长度不少于 300 公里。由此可见，高于 35% 岸线是海洋生态红线管控目标。

我国实行海岸线分类保护制度。根据海岸线自然资源条件和开发程度，将海岸线划分为严格保护、限制开发和优化利用 3 个类别，并分别提出各个保护类别的具体管控要求。严格保护岸线。将优质沙滩、典型地质地貌景观、重要滨海湿地、红树林、珊瑚礁等自然形态保持完好、生态功能与资源价值显著的岸线划为严格保护岸线。划为严格保护的岸线，禁止实施改变海岸自然形态和影响海岸生态功能的开发利用活动，禁止在严格保护岸线的保护范围内构建永久性建筑物和围填海，鼓励开展沙滩养护、湿地修复等整治修复活动。

在无居民海岛开发过程中，探索推行海岸线有偿使用制度，制定海岸线价值评估技术规范，对可开发利用的自然、人工岸线进行价值评估，凡需占用海岸线的项目，要充分考虑相关岸线的价值评估结果，按差别化标准征收海域使用金。探索自然岸线异地有偿补充或异地修复制度。

四、前期开发之基础设施建设

基础设施（infrastructure）是指为社会生产和居民生活提供公共服务的物质工程设施，是用于保证国家或地区社会经济活动正常进行的公共服务系统。它是社会赖以生存发展的一般物质条件。无居民海岛上各类开发利用活动的开展，需要基础设施的支持，基础设施建设是促进无居民海岛有偿使用的基础。

基础设施包括交通、邮电、供水供电、商业服务、科研与技术服务、园林绿化、环境保护、文化教育、卫生事业等市政公用工程设施和公共生活服务设施等。无居民海岛基础设施主要包括供水供电设施、交通运输、污水和垃圾处理设施等方面。供水、供电是海岛生活和生产活动开展的先决条件，交通运输是海岛对外联系的重要手段●，也是无居民海岛开发利用的基础保障。作为面积相对较小、空间相对独立的区域、环境容量小，废水、废物的排放对无居民海岛及其周边海域生态系统影响较大，对其开发必须注重生态保护，尤其是经营性开发更加需要重视污水和垃圾处理。

根据《中华人民共和国海岛保护法》第三十二条规定，经批准在可利用无居民海岛建造建筑物或者设施，应当按照可利用无居民海岛保护和利用规划限制建筑物、设施的建设总量、高度以及与海岸线的距离，使其与周围植被和景观相协调。第三十三条规定，无居民海岛利用过程中产生的废水，应当按照规定进行处理和排放。无居民海岛利用过程中产生的固体废物，应当按照规定进行无害化

---

❶　蔡晓琼，朱嘉 . 我国海岛交通设施分析与评价 [J]. 海洋开发与管理，2015（5）：9~11.

处理、处置，禁止在无居民海岛弃置或者向其周边海域倾倒。第三十四条规定临时性利用无居民海岛的，不得在所利用的海岛建造永久性建筑物或者设施。第三十五条规定，在依法确定为开展旅游活动的可利用无居民海岛及其周边海域，不得建造居民定居场所，不得从事生产性养殖活动；已经存在生产性养殖活动的，应当在编制可利用无居民海岛保护和利用规划中确定相应的污染防治措施。《无居民海岛开发利用审批办法》第七条也规定在编制无居民海岛开发利用具体方案应明确具体方案的工程设计方案：合理确定建筑物、设施的建设总量、高度以及与海岸线的距离，并使其与周围植被和景观相协调；明确海岛保护措施，建立海岛生态环境监测站（点），防止开发利用中废水、废气、废渣、粉尘、放射性物质等对海岛及其周边海域生态系统造成破坏；重点阐明水、电、交通等配套工程建设方案，鼓励利用海洋能、太阳能等可再生能源和雨水集蓄、海水淡化、废弃物再生利用等技术。因此，在利用无居民海岛前期做好开发整理尤其是基础设施建设工作十分必要。

根据自然资源部发布的《2017年海岛统计调查公报》，截止2017年底，全国已查明有淡水供应的无居民海岛有213个，约占无居民海岛总数的1.9%。实现电力供应的无居民海岛360个，约占全国无居民海岛总数的3.2%，其中24小时供电的300个。全国海岛已建成码头1361个，已建成污水处理厂168个，污水处理量38053万吨；垃圾处理厂73个，垃圾处理量143万吨。海岛上建成犹如使用的避风港254个，等级海塘870千米，防波堤733千米。可见，我国无居民海岛基础设施薄弱，电力、交通、垃圾污水处理、防灾减灾等基础设施建设滞后。

供水供电是无居民海岛开发的首位。供水主要是供淡水资源，目前海岛淡水供应主要来源于大陆引水、船舶或汽车运水和岛上水井、水库、雨水收集、海水淡化。供电方式以岛外引电为主，自主发电为辅，部分海岛采取两种方式相结合的综合供电方式❶。因此，在前期供水设施建设中必须因地制宜的建造相应的设施。一是加快海岛能源设施建设，合理布局与海岛用电需求相匹配的供电网络，切实提高海岛的供电安全性、可靠性。充分利用海岛丰富的风能、海洋能、太阳能等可再生资源，利用新技术将可再生能源转化成电力，有效缓解海岛电紧张状况。二是完善海岛供水设施建设，构筑岛内水源、岛外引水、海水淡化"三位一体"的供水安全保障体系。对于有地表径流的海岛，可通过兴建水库工程开发当地水资源；建造蓄水池、水窖，利用建筑物屋面作为集雨场来接引雨水。开展陆岛、岛际引调水工程，针对靠近大陆且人口多的海岛，采取架设管线或者船舶运输等方式，增加海岛淡水总量。结合海岛自身条件设立海水淡化装置、采取中水

---

❶ 自然资源部.2017年海岛统计调查公报，2018.

回用技术，保障海岛供水需求。三是加快可再生能源等新兴基础设施建设步伐。我国海岛风能、太阳能、海洋能丰富，利用可再生能源的先天条件好。目前，可再生能源的开发利用也取得了迅猛的发展，风电场建设已从陆地向海上发展，潮汐发电、波浪发电和洋流发电等海洋能的开发利用也取得了较大进展。《中华人民共和国可再生能源法》规定，国家财政设立可再生能源发展专项资金，支持偏远地区和海岛可再生能源独立电力系统建设。积极推进海岛清洁能源和可再生能源开发利用，更新改造提升原有输配电线路，加快能源设施建设。充分利用海岛丰富的风能资源，推进风电建设，有效缓解海岛、沿海地区用电紧张状况，同时为主力电网提供有力补充。推动太阳能光伏发电发展，积极推进海岛光伏发电项目建设。我国太阳能光伏发电在解决电网覆盖不到的偏远地区，特别是海岛地区居民的用电上发挥了重要作用。四是运用新型环保技术，提高废弃物资源化利用率。由于固体废弃物中含有各种可回收利用的物质，资源化利用固体废弃物不仅可以降低其对环境的污染，还可以产生良好的环境效益和社会效益。可借鉴浙江舟山团鸡山岛垃圾发电的做法，引进垃圾发电技术，有效处理海岛内部产生的垃圾，既解决垃圾处理的问题，改善海岛生态环境，又可以缓解海岛电力紧张的局面。在污水处理方面，可采用中水回用技术，将已使用过的优质杂排水（不含粪便和厨房排水）、杂排水（不含粪便污水）以及生活污（废）水，经过集流再生处理后充当地面清洁、空调冷却冲洗便器、消防等不与人体直接接触的在用水。这项技术的应用一方面可以减少海岛生活和生产污水排放的数量，减少对海岛周边海域环境的污染，另一方面也增加海岛可使用淡水量，缓解海岛淡水资源短缺的问题❶。

在基础设施建设过程中尤其需要做好各类工程施工费预算的编制。

五、前期开发之政策处理

目前大多数已开发的无居民海岛属于法前用岛，即在《海岛保护法》实施前就已经存在开发利用活动，有些活动是依据土地证、林权证等其他权属证明开展，有些活动是与村集体签订开发合作协议，有些活动甚至属于非法建设活动。依据《海岛保护法》规定，无居民海岛的开发利用和保护由国家海洋主管部门统一进行管理。那么，这些已经存在的法前用岛活动如何纳入规范管理，已经成为影响我国无居民海岛收储制度运行的难点。根据现有条件，我国一些地方的海域海岛储备中心进行了有益的尝试，一般按照以下规定作出法前用岛处理：

（1）经批准取得用岛手续且符合海岛保护规划的，无居民海岛使用权人应当提交无居民海岛使用现状报告，申请补办无居民海岛使用权登记手续。

---

❶　曲林静．广东海岛开发利用中基础设施建设有关问题初探［J］．海洋信息，2017（5）：44~51.

（2）经批准取得用岛手续但不符合海岛保护规划的，应当在规定限期内整改。经整改后符合海岛保护规划的，依照本条第一项规定处理；未在规定期限内整改或者整改后仍然不符合海岛保护规划的，由沿海设区的市、县级人民政府收回，造成使用权人财产损失的，应当给予补偿。

（3）未经批准取得用岛手续的，使用人应当在规定期限内依据有关法律法规和本条例规定，办理无居民海岛使用审批手续；未在规定期限内办理无居民海岛使用审批手续或者申请无居民海岛使用权未获得批准的，由沿海设区的市、县级人民政府海洋主管部门依法处理。

（4）简化手续、降低费用、简政放权。除军事国防用岛、领海基点岛、重要资源保护岛等需要保护的重要海岛外的其他用岛，可区分用岛类型、用岛方式、用岛面积，像土地证、房产证一样，放权给县级人民政府负责发证。这样做，既能与其他的权属类证书均为县级政府发证的保持一致，又可减轻上级政府的发证压力❶。

---

❶ 陈启斌. 无居民海岛法前用岛登记的思考［N］. 台州日报，2016 年 10 月 12 日.

第八章

无居民海岛储备使用运作

　　无居民海岛收储后将来做什么是储备机构需要关注的问题，也就是说无居民海岛储备如何运作、如何使用。从现实的操作上看，一般是直接出让的，目前各地也做了一些收储的尝试。从理论上讲，无居民海岛收储一般可以进行抵押融资、旅游开发、岛礁海域养护、生态修复等。鉴于目前国内还没有收储机构进行尝试，因此我们在案例上对已出让的无居民海岛所开展的使用运作方式进行剖析，为下一步收储机构进行无居民海岛使用运作做铺垫。

一、无居民海岛储备运作之一：抵押融资

（一）无居民海岛使用权抵押的法律适用

　　法律规定不得抵押的财产包括：土地所有权、耕地、宅基地、自留山、自留地等集体所有的土地使用权（但法律规定可以抵押的除外）、学校、幼儿园、医院等以公益为目的的事业单位、社会团体的教育设施、医疗卫生设施和其他社会公益设施、所有权或使用权不明或有争议的财产、依法被查封、扣押、监管的财产、法律法规规定不得抵押的其他财产不得抵押。《物权法》第一百八十条第一款规定"法律、行政法规未禁止抵押的其他财产"可以进行抵押。无居民海岛使用权并未在禁止抵押的财产之中，理当可以抵押。国家海洋局发布的《关于海域、无居民海岛有偿使用的意见》明确提出，鼓励金融机构开展海域、无居民海岛使用权抵押融资业务。

　　浙江象山旦门山岛、福建连江洋屿和东埔石岛使用权均获得银行抵押贷款。有人认为，抵押权人在实现其抵押权时会出于追求最大经济收益的考虑，将无居民海岛使用权转让给出价最高的受让人而忽略了对海岛资源环境的保护。事实上，无居民海岛使用权的抵押会产生两种结果。理想的情况是，在抵押权届期之前或在抵押期届满之时，抵押人向抵押权人偿还了抵押贷款，此时，不仅并不会发生权利主体的变更，使用权人通过抵押融得大量资金能更好地投入到海岛的开发利用中。当然，另一种结果便是设定抵押的无居民海岛使用权在抵押期届满无法偿还贷款或者出现了约定实现抵押权的情形时，提供贷款的金融机构按照相关规定，通过拍卖、变卖无居民海岛使用权的方式，从变价款中优先受偿。无居民

海岛使用权抵押的主要目的是为了融通资金，并不是为了直接转让使用权，所以权利的抵押并不会必然引起主体变更、权利流转的后果。

无居民海岛使用权抵押只是在法律上认可使用权人行使抵押权的这种权利，但是在实际操作当中，该权利能否抵押不仅要看其是否满足流转的前置条件，还要看双方当事人是否达成意见上的一致。也就是说，法律上对该权利抵押的认同只是前提条件，最后是否选择抵押要取决于使用权人的意思。同时，考虑到无居民海岛使用权抵押在现实中可能存在的风险，金融机构可能会要求抵押人在将使用权抵押的同时提供其他形式的担保，以防范使用权抵押可能存在的风险或避免债权人可能受到的损失。笔者认为，此时的抵押权人在选择拍卖或变卖方式实现抵押权时，要按照无居民海岛使用权二次转让时的拍卖、变卖要求，选择符合规定的受让人，严格遵守法律规定的相关程序。

（二）抵押融资收储模式

无居民海岛作为自然资源天然具有抵押融资功能。然而，无居民海岛融资面临诸多困难，究其主要原因是受到政策的多重限制。笔者认为，依据无居民海岛特性，可探索以下几种无居民海岛融资方式：

一是直接争取银行贷款支持。通过财政拨款、归集部分无居民海岛出让收益和由政府融资平台提供抵押物向银行贷款等方式向海域海岛储备中心注入启动资金，实现海域海岛储备中心收储无居民海岛，再以无居民海岛抵押贷款，实现自身滚动融资发展。

二是探索建立无居民海岛"预出让"制度。由于无居民海岛具有离陆较远、基础设施差等现实情况，因此未进行初步开发的无居民海岛（俗称"生岛"），只能以特殊资源、潜在经济和社会价值评估，难以体现融资的最大化。储备无居民海岛在入库之后进行一定的开发（俗称"熟岛"），能够使无居民海岛具备较好的出让条件，增加融资作用。储备无居民海岛预出让制度就是将单纯的抵押融资与需要进行再出让两种相结合，实行"生岛"挂牌、"熟岛"出让的模式。采用这种"生岛"挂牌、"熟岛"出让的模式，海域海岛储备机构可以根据无居民海岛"预出让"的成交情况，有目的地对储备无居民海岛组织实施前期开发，缩短储备时间，加快资金回笼，节省储备的前期财务成本；另一方面通过"预出让"可提前收取部分资金用于前期开发，减轻储备机构的开发融资压力。

三是建立无居民海岛"做市商"制度。为合理规避政策限制，实现政策与市场融合应建立无居民海岛做市商制度，由政府融资平台充当无居民海岛市场做市商。政府平台作为做市商主要承担三大职能：一是参与无居民海岛出让市场竞拍，活跃海域海岛交易市场，防止流拍，稳定出让价格；二是继续发挥政府平台海域海岛储备主力军作用。由海域海岛储备中心统一负责无居民海岛前期收储工作，平台公司负责通过"预出让"、"招拍挂"等形式在无居民海岛出让市场收购完成收储工作的无居民海岛，将无居民海岛实质储备到平台公司，这样既可规避当前的政策限制，又可发挥收储公司无居民海岛储备融资能力。

无居民海岛抵押融资收储流程，如图8-1所示。

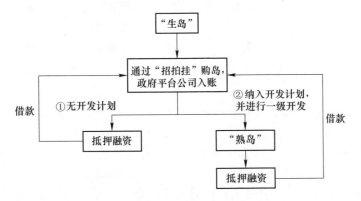

图8-1　无居民海岛抵押融资收储流程

（三）收储公司抵押融资的影响分析

收储公司作为政府重要的投融资平台，地方政府理应支持和鼓励。尤其是一些海岛城市缺少无居民海岛等其他优质的资产注入收储公司，以扩大其规模，无居民海岛作为沿海政府最为便捷可用的优质资产，需要引起政府的高度重视。当然，对于这种模式，也需要关注一些特定事项，尤其是需要考虑收储公司、地方政府和金融机构利益。

1. 收储公司

对收储公司来说，资产和负债规模同时扩张，政府配置的无居民海岛资产能够部分覆盖债务，但需关注资金缺口、利息成本及无居民海岛资产变现时间以及可能的风险等问题。同时，需要关注一般无力偿还抵押款，如何处理无居民海岛的待开发问题。

收储公司以无居民海岛资产抵押借款，投资于基础设施建设等公益性业务，公益性业务的资金平衡依赖于政府回购或海岛出让收益。如果为政府回购模式，则一般回购周期长且投资和回款期限存在错配；如果以海岛出让收益平衡，则其资金平衡期与使用金收取有很大关系。随着投资规模不断扩大，收储公司需要新的资产以获得融资，导致其账面资产规模和债务规模迅速增长，如此"滚雪球"，使得企业实际债务水平攀升。

政府以"招拍挂"后返还无居民海岛使用金的形式向收储公司注入无居民海岛资产，公司账面的无居民海岛资产对政府相关债务起到一定的保障作用，但是需要注意：一是政府在将无居民海岛返还至收储公司时，需扣除20%缴入中央国库，另外80%是与省的分配比例，收储公司实际收到的返还资金要小于缴纳的使用金。此外，若收储公司购岛后仅将无居民海岛用于抵押融资，则其将持续承担购岛的资金缺口、利息成本以及抵押融资的利息费用，由此会增加收储公司实际债务偿付负担。二是账面无居民海岛资产多已抵押受限，债务偿还仍然需要政府回款或"借新债补旧债"等实际资金流入，考虑到无居民海岛流动性困难，变现需要一定处置时间，需关注企业短期资金周转问题。三是若收储公司购得价较高，如为"生岛"，则需关注入账价值高估和难以处置等问题。

2. 地方政府

在政府向平台公司注资要求日益严格的背景下，地方政府以此方式向收储公司注资，用以满足城市建设投融资需求，或由此带来公益性业务债务的激增和政府支出责任的加重。按照《无居民海岛使用金征收使用管理办法》规定，无居民海岛使用金收入列《政府收支分类科目》"1030708 无居民海岛使用金收入"（新增），并下设01目"中央无居民海岛使用金收入"和02目"地方无居民海岛使用金收入"。"10307 款"为一般公共预算"国有资源（资产）有偿使用收入"科目，需要纳入政府财政收入。但考虑到政府将使用金返还至企业，该方式会使政府综合财力产生水分。在这种模式下，虽然会达到同时增加收储公司账面资产及政府性基金收入的目的，但实际并未形成政府的有效财力。

若收储公司购置的无居民海岛为"熟岛"，政府实际收入或无法覆盖前期成本。从前期成本覆盖来看，成本包括基础设施建设，林权、矿产权、房地产等其他经济补偿费用，前期投资成本以无居民海岛出让后的政府返还的资金来平衡。收储公司在一级市场中通过"招拍挂"购得无居民海岛，政府再将海岛使用金扣除相关费用后返还至收储公司，无居民海岛使用金并没有成为政府的真实财力，政府没有对应的财力支撑以补偿前期的投资成本。

3. 金融机构

通常无居民海岛资产的抵押贷款率一般为50%~70%，收储公司如果获得的无居民海岛资产的抵押贷款率也为50%~70%，正常情况下，无居民海岛资产的价值可以覆盖收储公司的贷款金额，金融机构的风险不大。但是，当收储公司无力偿付债务，金融机构需要对其无居民海岛资产进行清算的时候，需考虑无居民海岛资产变现时间的问题，因此金融机构的资金回收周期可能较长。若需要处置的无居民海岛为收储公司购置的"生岛"，考虑一级开发等问题，其处置时间可能会更长，加上入账价值本身可能存在高估的情况，将会给金融机构带来一定的风险。

（四）典型案例

旦门山岛位于象山半岛中部的附近海域，岛对面就是旦门村，位于宁波象山半岛中部附近海域的旦门山岛拥有五峰，每当旭日东升，日影、岛影倒映水中，构成"旦"字，故名旦门山。旦门山岛长 1.82 公里，宽 0.52 公里，面积 1 平方公里左右。岛上植被以草丛为主，有少量稀疏针叶林，岛上还有全国并不多见的丹霞地貌。到象山旅游新开辟的线路中，有一条环岛游，旦门山是其中的一站。岛上在六七十年代曾住有牧羊人，靠放羊为生，至今，岛上仍有野生的羊群可供狩猎。岛内有宾馆饭店等供旅客游玩的必备设施，也有专门护岛的管理人员。小岛四周礁石密布，海螺丛生，还有一个秀美的红沙滩。你可以从松栏山坐游艇前往，也可以在旦门东旦村雇渔家小船前往一饱岛上美景。

旦门山岛从 2001 年起开发利用，开发者接手该岛时，已经向原来开发方和相关村镇共支付了数千万元费用。由于旦门山岛旅游项目为《海岛保护法》实施前已开发项目，开发者以实施补办手续的方式，向国家缴纳了 344 万元使用金之后获得了使用证，使用年限为 50 年。2011 年 11 月 8 日，宁波龙港实业有限公司董事长黄益民接过了这张由国家海洋局颁发的编号为"11001"的证书，象山旦门山岛获得全国第一本无居民海岛使用权证书，从此，黄益民就拥有旦门山岛 50 年的使用权。2012 年旦门山岛使用权人在上海浦东发展银行顺利办理了无居民海岛抵押贷款 4950 万元，成为首宗无居民海岛使用权抵押案例。

二、无居民海岛储备运作之二：旅游开发

（一）旅游收储模式

当前我国大部分无居民海岛经营性开发主要集中在旅游开发，但是随着国家对生态保护的重视，无居民海岛开发面临生态红线、海洋环境保护等问题。笔者认为，无居民海岛旅游开发可采取"收储+挂牌"的方式，即将无居民海岛由海域海岛储备中心根据政策规定进行收储，然后带方案（旅游项目设计条件等）出让。

这种收储模式主要采取"生岛"由政府平台公司进行一级开发，然后交还给海域海岛储备机构，海域海岛储备机构对拟出让的旅游开发用岛生态红线、建筑密度等相关内容提出要求，并要求参与"招拍挂"的企业或个人根据要求编制无居民海岛旅游开发具体方案（包括确定用岛面积、用岛方式和布局、开发强度等，集约节约利用海岛资源；合理确定建筑物、设施的建设总量、高度以及与海岸线的距离，生态红线），在旅游方案获得资格性审查通过后，方可参与"招拍挂"程序。这种模式既可以避免未来旅游开发过程中的无序状态，也可以保证生态环境免遭破坏。

无居民海岛旅游收储流程，如图 8-2 所示。

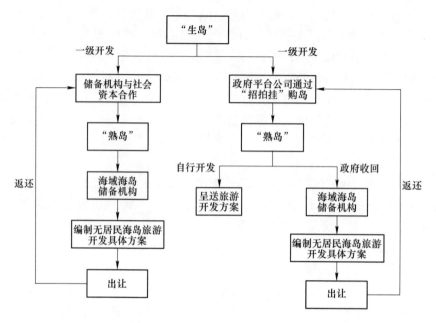

图 8-2　无居民海岛旅游收储流程

（二）典型案例

目前，海南省沿海地方、宁波象山县、温州洞头县无居民旅游开发普遍采取这一模式。2018 年 6 月浙江省海洋与渔业局对温州洞头县大竹峙岛保护与开发示范项目进行公示，根据我国首批无居民海岛开发利用名单大竹峙岛属于旅游娱乐用岛。大竹峙岛保护与开发利用示范项目内容含综合码头，综合防波堤，海水淡化及配套管网，道路，供电系统，垃圾减量化、资源化处理及污水处理，通信基站及配套设施，海岛生态环境监测评估体系等 8 项建设工程。码头工程是整个区大竹峙岛保护与开发利用示范项目的启动工程，项目概算投资 927.34 万元，主要建设内容包括新建客运码头、引桥、水电配套等。该工程建成后将疏通大竹峙岛和洞头本岛的交通联系，配合洞头 5A 景区的建设，方便游船、游艇、旅客和货物出入。根据我国首批无居民海岛开发利用名录，舟山市担峙岛、盐仓枕头屿、茶山岛、外马廊山岛和里马廊山屿属于旅游娱乐用岛，可开展旅游开发。

三、无居民海岛储备运作之三：钓场开发

（一）钓场收储模式

钓场作为一种新型的确权方式，其实际是由所在的区域相关资源构成，钓场一般涉及海域、无居民海岛、渔业资源三个产权，其确权需要满足上述三个自然

资源相应的确权方式。因此要实行海域使用权、无居民海岛使用权和渔业资源产权一并出让（或仅有出让海域和渔业资源使用权），单位或个人才能依法享有权利。在海钓场建设开发过程中，需要根据地方海钓布局规划来划定每一块出让的海钓场的海域面积和岛礁面积，实行海钓场开发与保护并行。具体而言，对划定海域的海域使用权、无居民海岛使用权和渔业资源产权统一确权给市一级政府成立的渔业资源产权化管理公司。县（区）政府与管理公司合资成立县（区）海钓公司，将所在区域的钓场通过审批出让确权给该公司，钓场使用权和经营权相应由公司合理处置。

在这里市一级政府成立的渔业资源产权化管理公司充当收储机构的职能，享有相应资源的综合性所有权。海钓公司要依法获得这一综合性使用权和经营权需要通过申请审批出让，否则无法获取这一权利。在这里如果海钓不涉及岛礁，则无需对无居民海岛使用权进行确权。

无居民海岛钓场开发收储流程，如图8-3所示。

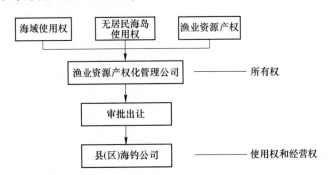

图8-3　无居民海岛钓场收储开发流程

（二）典型案例

目前，舟山市嵊泗马鞍列岛海洋特别保护区、浙江普陀中街山列岛海洋特别保护区实行海钓业产权化改革试点，对两个保护区钓场进行科学划分，海钓范围严格限定在划定的海钓区域内，实行公司化运营。市政府成立渔业资源产权化管理公司，两大保护区的海钓资源所有权确权给该公司。保护区所在县（区）政府与管理公司合资成立县（区）海钓公司，将所在区域的钓场确权给该公司，钓场使用权和经营权相应由公司合理处置。

四、无居民海岛储备运作之四：生态养护

（一）生态养护收储模式

对于带有养护性质的无居民海岛以及海域收储，可采取申请审批出让方式。

具体而言，由开发者根据生态养护和经营开发兼容的发展需要，与海域海岛储备中心签定海域岛礁养护协议，履行无居民海岛、海域使用权申请审批相关手续，包括申报（呈报宗海图、审批表等）、现场勘查、组织会审，依法确权获取海域海岛使用权出让证书。完善海洋养殖业渔户登记制度及准入制度，经确权登记后，由县（区）海洋与渔业局核发统一制式的海洋养殖经营权证。

该模式要求开发者承担双重身份，既是资源的捕捞者也是资源的养护者，通过养护获得资源的最大化，最后反哺于开发者，能够很好防止资源乱开发，做到有序利用。

无居民海岛养护收储流程，如图 8-4 所示。

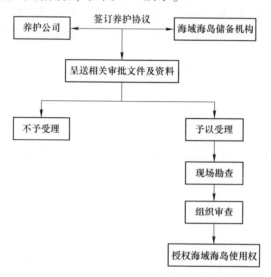

图 8-4 无居民海岛养护收储流程

（二）典型案例

这种模式目前在舟山市嵊山镇推行。嵊泗县嵊山镇嵊山岛、黄礁、浪岗和海礁 4 个岛盛产野生贝藻类，当地很多渔民以此谋生。近年来，由于大量外地潜水作业人员涌入无序开采，对海岛岛礁资源造成了毁灭性破坏。2010 年嵊山镇 33 名当地户籍的青壮年潜水作业人员自发组成的马鞍列岛岛礁养护有限公司。每年 5 月、6 月、7 月、10 月、11 月、12 月是开采季节，其他是禁止开采的时间。如违反规定擅自开采或雇佣外地人员进行开采，按自行脱离公司处罚。嵊泗县马鞍列岛海洋特别保护区管理局授权嵊山镇政府和养护公司签订合同，对非嵊山籍公民在该公司养护岛礁内从事非法开采或滥采、滥挖岛礁资源的行为，该公司有权进行制止，同时可报告有关执法部门，对非法开采者的违法所得、生产工具予以没收、暂扣，并给予一定的经济处罚。这 33 人组成了养护队伍。

第九章
无居民海岛储备出让管理

已储备的无居民海岛，根据规划，在开发利用前应当委托资质单位开展出让价格评估，形成价格评估报告，报请海洋资源价格审核工作机构审定并确定出让方式。海洋行政管理部门根据规划设计条件、出让价格审定结果等，编制无居民海岛使用权出让方案，经省级海洋行政主管部门审核后，报省人民政府批准，并组织实施。

一、无居民海岛使用权出让制度

（一）无居民海岛使用权出让的概念与特征

1. 无居民海岛使用权出让的概念

无居民海岛使用权出让最早是由 2009 年 12 月 26 日通过，自 2010 年 3 月 1 日起施行《中华人民共和国海岛保护法》（简称《海岛保护法》）作出法律上界定的，2011 年 4 月 20 日，国家海洋局印发了《无居民海岛开发利用审批试行办法》（国海岛字〔2011〕225 号）更加明确了使用权出让相关规定。无居民海岛使用权出让是指国家以无居民海岛所有者的身份将无居民海岛使用权在一定年限内让与无居民海岛使用者，并由无居民海岛使用者向国家缴纳无居民海岛使用权使用金的行为。企业或个人原始取得无居民海岛依法只能通过出让方式取得。无居民海岛使用权出让是无居民海岛使用权作为商品进入流通领域的第一步，也是市场开发用岛最为重要的形式之一。

2. 无居民海岛使用权出让的特征

（1）无居民海岛使用权出让的主体的确定性和客体的广泛性。在无居民海岛出让过程中，政府是无居民海岛产权的唯一代表。只有代表国家的县级以上地方人民政府才有权有偿出让无居民海岛使用权，市、县人民政府海洋行政管理部门具体代表市、县人民政府主管无居民海岛使用权出让的行政管理工作，其他任何单位和个人均不得充当出让人。

无居民海岛使用权出让的客体仅限于使用权。无居民海岛使用权出让的客体是有严格限制的。首先，出让的是无居民海岛使用权，而非无居民海岛所有权，无居民海岛所有权不允许转移。其次，出让仅限于无居民海岛的使用权，岛上资源、埋藏物和岸线不能单独出让。最后，出让无居民海岛使用权仅限于海洋规划或国家公布的无居民海岛范围内的海岛，其他属于国家军事、国防安全、海洋特定保护区范围内的无居民海岛不在出让范围之内。

（2）取得的无居民海岛使用权是有期限的。国家出让无居民海岛使用权是有年限的，而不是无限期出让给无居民海岛使用者。国家通过对年限的限制，合理调整布局和费用，以不断提高无居民海岛的经济、社会效益。无居民海岛使用者在使用年限届满后，如需继续使用无居民海岛，应向政府申请续期，经批准重新签订无居民海岛使用权出让合同，支付无居民海岛使用权使用金。如不再申请或未经批准的，政府将无偿收回无居民海岛使用权。使用期届满前，政府一般不收回无居民海岛使用权，但在特殊情况下，政府根据公共利益的需要，可以依照法定程序提前收回，并根据无居民海岛使用者使用无居民海岛的实际年限和无居民海岛开发的实际情况给予相应的补偿。无居民海岛使用权出让的最高年限为五十年，各地区根据不同类型的海岛做出了不同的使用年限。

（3）取得的无居民海岛使用权是一种有偿行为。国家依法对无居民海岛实行有偿使用制度，受让无居民海岛的使用权的无居民海岛使用权人，必须向国家缴纳无居民海岛使用金（依法划拨的无居民海岛使用权的除外）。无居民海岛使用权受让方只有在缴纳了无居民海岛使用金后，才能向政府不动产中心申请登记，领取无居民海岛使用权证，取得无居民海岛使用权。

（4）取得的无居民海岛使用权是一种物权。无居民海岛使用权出让的实质是国家按照无居民海岛所有权与使用权分离的原则，把出让的无居民海岛使用权以约定的面积、价格、用途和其他条件，让与无居民海岛使用者占有、使用、经营和管理。由于出让无居民海岛使用权具备了物权所包含的基本权利，即占有的权利、一般意义上使用的权利、收益的权利和一定程度的处分权利，所以它是除海岛所有权之外的较为完整的物权。

（5）无居民海岛明确用途，使用权整体出让。由于无居民海岛性质和特殊性，无居民海岛使用权中包括了土地、取水等附属权利，无居民海岛使用权出让必须将无居民海岛使用权所包含的一切权利都一次性的整体出让给无居民海岛使用权人。这很大程度上是将无居民海岛作为一个整体来对待，忽略无居民海岛的权利特殊性后，做出的一种选择。无居民海岛使用权人可以取得对整个无居民海岛包括周边相关自然资源的使用权。由于无居民海岛上绝大多数自然资源的所有权都归于国家享有，因此，国家作为所有权人有权整体出让其自然资源整体给无居民海岛使用权人使用❶。

---

❶　刘登山．我国无居民海岛使用权制度研究［D］．长春：吉林大学，2010．

（二）无居民海岛使用权出让方式

《无居民海岛使用金征收使用管理办法》第三条规定，无居民海岛使用权可以通过申请审批方式出让，也可以通过招标、拍卖、挂牌的方式出让。其中，旅游、娱乐、工业等经营性用岛有两个及两个以上意向者的，一律实行招标、拍卖、挂牌方式出让。

申请审批方式出让无居民海岛使用权。申请取得无居民海岛使用权，是指民事主体为取得特定无居民海岛的使用权，向国家无居民海岛所有权的代表机关提出申请，就无居民海岛使用金、无居民海岛使用目的、无居民海岛使用方式等达成的合意从而取得无居民海岛使用权的取得方式。它是我国无居民海岛使用权出让的主要方式之一。

招标、投标方式出让无居民海岛使用权。以招标、投标方式出让无居民海岛使用权是指国家为出让某宗无居民海岛使用权，由有关行政主管部门制定招标方案，然后报有审批权的人民政府批准后组织招标、竞标工作，出让无居民海岛使用权。

拍卖方式出让无居民海岛使用权。以拍卖方式出让无居民海岛使用权是指通过集中竞价，国家将某无居民海岛的使用权出让给最高应价者。

对属于经营性利用无居民海岛而言，无居民海岛使用权的取得都要缴纳无居民海岛使用金，即属无居民海岛使用权的有偿出让。但国家为了公共利益的需要，是否也需要申请审批或"招拍挂"呢，或者使用将无居民海岛使用权无偿划拨给有关单位使用？如果权利人采取划拨形式取得无居民海岛使用权，一方面，可能会导致腐败现象的产生，为腐败提供温床；另一方面，无居民海岛使用权人也不会十分珍惜无居民海岛的使用，不利于全面发挥无居民海岛的作用，更不会有监督性的保护无居民海岛生态环境。实践证明无居民海岛使用权的取得方式直接决定无居民海岛的利用情况❶。因此，从现有的文件来看，已取消了无居民海岛行政划拨，基本采取申请审批方式，并免缴使用金，主要包括：军事、交通基础设施以及教学、科研等非经营性行为。通过限定申请审批和"招拍挂"两种方式，取消行政划拨，大大提升了无居民海岛使用价值，也有助于市场流通。

（三）无居民海岛使用权出让最高年限

无居民海岛使用年限是从企业或个人与海洋行政主管签署《无居民海岛使用权出让合同》，缴纳无居民海岛使用权使用金，领取无居民海岛使用权证后开始

---

❶　刘登山. 我国无居民海岛使用权制度研究［D］. 长春：吉林大学，2010.

计算。

1. 无居民海岛使用年限问题

对于最高年限，各国有不同定义，大多数国家采用永久产权，如加拿大、英国、希腊等；也有部分国家确定了无居民海岛 99 年，如斐济❶等。这与西方国家土地私有的原因有关。

2003 年 6 月 17 日《无居民海岛保护与利用管理规定》（国海发〔2003〕10 号）规定，我国无居民海岛相关规定使用权出让最高不得超过五十年，但没有细分。但各省对使用年限做出了一些尝试，根据不同功能，确定年限。《海南省无居民海岛开发利用审批办法》第十三条规定，无居民海岛开发利用的最高期限，参照海域使用权的有关规定执行。1）养殖用岛 15 年；2）旅游、娱乐用岛 25 年；3）盐业、矿业用岛 30 年；4）公益事业用岛 40 年；5）港口、修造船厂等建设工程用岛 50 年。《宁波市无居民海岛管理条例》第十二条规定旅游、娱乐项目的无居民海岛使用权最高期限为 40 年，其他项目为 50 年。《山东省无居民海岛使用审批管理办法》和《广西壮族自治区海洋局关于无居民海岛使用审批管理工作的通知》作出了相似的规定，"无居民海岛开发利用具体方案中含有建筑工程的用岛，用岛最高期限为 50 年。其他类型的用岛可根据实际需要的期限确定，但最高使用期限不得超过 30 年"。

关于 50 年最高使用权以及分别设置的权限，值得商榷的地方很多。第一"参照海域使用权的有关规定执行"这一方法不具科学性，一方面海域空间相对简单，投入量小，产出快，而无居民海岛投入量大，回报周期长，同时两者之间开发的复杂性和对生态的要求度均不相似，两者不具有参考性；第二，最高年限的设定应该考虑投入与回报的年限，以一般旅游用岛为例，按照目前的旅游海岛开发，0~5 年属于初步进入期，以施工和市场初探为主；5~10 年属于试营业期，这一时期以市场开拓和营业完善为主；10 年后才进入正式的回本期，这个时间有长有短，但是按照海南的旅游规律，本身也就 60 天左右的旺季，要想三两年内回本，可能性不大，一般 5~10 年才能回本。因为海南的旅游海岛规定的年限是 25 年，接下来还能享受 5 年左右的盈利，然后政府可以收回了。等于企业将旅游海岛预热了，然后政府就收回了，因此 25 年的使用权，从正常经营来说是不符合的，前期投入太大，回报周期太短，不是一个理想的标的❷。

---

❶ 说明：斐济使用租赁产权，最高为 99 年，而英国、加拿大、希腊等国家为永久产权。

❷ 此为刘杰武观点（来自海南旅游海岛投资：浪大、坑深、慎行！），笔者比较赞成这一说法，旅游开发周期长，前期涉及基础设施建设、中期涉及旅游宣传推荐、后期涉及相关的运营投入，无居民海岛开发与陆地旅游开发不可同日而语，在制定政策时必须考虑这些因素，必须兼顾经济效益、社会效益和生态效益的统一，不能让投资者寒心，使本来较好的投资开发政策被搁置。

2. 无居民海岛使用年限期满续期问题

《物权法》第149条规定"住宅建设用地使用权期间届满的，自动续期"。那么无居民海岛使用权到了约定年限是否也能自动续期呢？2010年底发布的《无居民海岛使用权登记办法》第八条规定，无居民海岛使用临时证书有效期限一般为3年，最长不得超过5年。到期后确有需要续期的，可以续期1次。《海南省无居民海岛开发利用审批办法》规定"无居民海岛开发利用期限届满，用岛单位或个人需要继续开发利用的，应当在期限届满两个月前向省级人民政府申请续期。准予续期的，用岛单位或个人应当依法缴纳续期的无居民海岛使用金。未申请续期或申请续期未获批准的，无居民海岛开发利用终止。"也就是说，无居民海岛使用期限到期后无法自动续期，应该向省级人民政府申请续期，申请时间应为到期前两个月。对于申请续期也不像土地那样无缴纳土地使用金或象征性缴纳土地使用金，无居民海岛到期后，必须依法缴纳续期所规定年限的无居民海岛使用金。

3. 无居民海岛使用权年期修正问题

无居民海岛使用权年期是指无居民海岛交易中契约约定的无居民海岛使用权年限。一般而言，无居民海岛使用权年期的长短，直接影响可利用无居民海岛并获相应无居民海岛收益的年限。如果无居民海岛的年收益确定以后，无居民海岛的使用期限越长，无居民海岛的总收益越多，无居民海岛利用效益也越高，无居民海岛的价格也会因此提高。

无居民海岛使用权年限修正方法：

（1）计算使用年期修正系数，年期修正系数按下式计算：

$$K = [1 - 1/(1 + r)^m]/[1 - 1/(1 + r)^n]$$

式中　　K——无居民海岛使用年期修正系数；

r——无居民海岛还原率；

m——待估海岛的使用权年期；

n——比较案例的使用权年期。

（2）利用年期修正系数对交易案例海岛价格进行年期修正，即有：

$$年期修正后海岛价格 = 比较案例价格 \times K$$

案例：若选择的比较案例的无居民海岛成交价格每平方米为800元，对应使用权年期为30年，而待估海岛出让年期为20年，该市还原率为8%，则年期修正如下：

$$年期修正后的海岛价格 = 800 \times 1 - 1/(1 + 8\%)^{20}/[1 - 1/(1 + 8\%)^{30}]$$
$$= 697.7 元/米$$

二、无居民海岛使用权出让方案编制的有关问题

国家海洋局发布《关于海域、无居民海岛有偿使用的意见》提出：鼓励无居民海岛使用权市场化出让。地方海洋行政主管部门编制用岛出让方案，应符合规划、国家产业政策和有关规定，明确申请人条件、出让底价、开发利用控制性指标、生态保护要求等，经省级政府批准后实施。按照各省无居民海岛开发利用管理规定，市、县人民政府海洋行政主管部门应当按照出让计划，会同规划等有关部门共同拟订拟出让用岛的用途、年限、出让方式、时间和其他条件等方案，报经省人民政府批准后，由市、县人民政府海洋行政主管部门组织实施。《浙江省无居民海岛开发利用管理办法》（2017 年修正）第四条规定，"沿海县级以上人民政府应当将无居民海岛的开发利用列入国民经济和社会发展规划，加强无居民海岛开发利用的管理，保护海岛及其周边海域的生态环境，确保无居民海岛的合理开发与可持续利用"。由此可见，供岛方案编制对开发无居民海岛具有十分重要的意义。

（一）编制无居民海岛开发利用具体方案

根据国海规范〔2017〕4 号文件要求，编制无居民海岛开发利用具体方案应该具备以下要求。

1. 总体要求

（1）无居民海岛开发利用应遵循保护优先、合理开发、永续利用、节约集约、绿色低碳的原则，科学布局工程建设内容，合理确定开发强度；严守生态红线，提出切实可行的生态保护方案并实施。

（2）无居民海岛开发利用具体方案是国务院和省级人民政府审批项目用岛的重要内容，也是各级海洋行政主管部门实施海岛用途管制、海岛生态保护、事中事后监管的主要依据。具体方案的编制应符合《海岛保护法》《无居民海岛开发利用审批办法》、海洋主体功能区规划、各级海岛保护规划、海洋功能区划、海洋生态红线以及其他有关法定规划、政策和技术规范等的要求。具体方案深度应达到工程可行性研究阶段要求。

（3）具体方案中的工程建设方案，应重点阐明项目的平面布局、建筑物及设施的体量和主要结构形式，水、电、交通等配套工程建设方案。鼓励利用绿色环保、低碳节能、生态友好型的施工方式与生产工艺；鼓励利用海洋能、太阳能等可再生能源和雨水集蓄、海水淡化、废弃物再生利用等技术；限制建筑物、设施的建设总量、高度以及与海岛岸线的距离，使其与周边植被和景观相协调。

（4）具体方案中生态保护方案，应结合项目特点和无居民海岛生态特征，

制定有针对性的建设和运营期的海岛整体生态保护方案。将海洋生态红线区、沙滩、珍稀濒危与特有物种及其生境、自然景观和历史、人文遗迹列为保护对象，划定保护范围、明确保护措施和保护要求。

明确废水、废气、废渣、粉尘、放射性物质等处置方案。无居民海岛开发利用过程中产生的废水应100%达标处置，产生的固体废物，应按照规定进行无害化处理、处置，禁止在岛上弃置或者向周边海域倾倒。

2. 具体方案编写大纲及要求

（1）无居民海岛的基本情况。简要说明项目所在海岛的标准名称、地理位置、所处行政区、类型、岸线长度、面积、海拔高度、近陆距离等（附海岛地理位置图）。

（2）项目基本情况。一是项目建设内容。阐明项目的名称、性质、功能和地理位置（附项目在海岛上的区位图）；阐述建设内容、规模、资金来源等。当项目属于改建、扩建时，应说明已建项目的建设规模、总体布置、权属状况、实际开发利用情况等。二是项目用岛情况。明确项目所占用的海岛面积（包括用岛面积和用岛投影面积）、坐标、用岛类型、用岛方式和使用年限、占用岸线和新增岸线。附位置图、分类型界址图等图件。三是项目用海情况。项目如涉及占用海岛周边海域时，应简要介绍涉及海域在海洋功能区划中的功能定位，项目用海面积、用海类型和用海方式，附宗海位置图和宗海界址图。

（3）工程建设方案。一是项目用岛的平面布局。阐明项目的总体平面布局和景观设计。明确各用岛区块的名称、在总体布局的位置、用岛区块之间的相互关系、各用岛区块面积，附项目平面布置图。石油、化工、煤炭、核电等项目用岛，以及其他危险品项目用岛须提供开发利用具体方案效果图。二是主要建筑物与设施。说明建筑物和设施的体量（包括建筑物和设施占岛面积、建筑面积、高度、建筑密度、容积率与海岸线距离等），主要建筑物和设施的典型结构型式、尺度，附建筑物和设施布置图、典型断面图等图件。三是配套工程。说明用岛项目水、电、交通等配套工程的位置、布局、供给方式与供给能力等，并附平面布置图。四是主要工艺与方法。阐述各项建设工程的主要施工方案、施工方法、主要工程量、土石方平衡、物料来源、建设时序等，编制项目施工计划进度表。阐明主要生产工艺。

（4）生态保护方案。生态保护方案应包括建设过程中和运营期生态保护方案或措施，涉及海洋生态红线区、沙滩、珍稀濒危与特有物种及其生境、自然景观和历史、人文遗迹的，应列为保护对象，划定保护范围、明确保护措施和保护要求。

1）地形地貌的保护方案。阐述具体方案采取的减少对海岛地形地貌、海岸线和沙滩等影响的保护措施或整治修复方案（包括工程量及效果），其中：涉及严重改变地形地貌的项目用岛，或在施工过程中对地形地貌造成严重破坏的，提出保护海岛地形地貌的生态修复方案和生态补偿方案。占用自然岸线的项目用岛，应结合项目实际，提出生态化保护与修复方案，提高新形成岸线的生态化、绿色化、自然化水平。对优质沙滩，典型地质地貌景观和历史人文遗迹、生态功能与资源价值显著的海岛岸线，严格限制改变海岸自然形态和功能；项目用岛可能会对其产生影响的，应提出有针对性的保护方案。

2）植被保护方案。阐述项目用岛采取的减少对海岛植被影响的措施或植被修复方案（包括工程量及效果）。当项目用岛区域分布有特有植物时，制定相应的就地保护方案，确需移植的，应制定切实可行的迁地保护方案，并对种植资源采取相应的收集和保持措施。

3）典型生态系统、珍稀濒危与特有物种保护方案。对分布有重要滨海湿地、珊瑚礁、红树林、海草（藻）床等典型生态系统以及珍稀濒危与特有物种的海岛，应提出避免或减少对其影响的保护措施；确有影响的，应提出修复与保护方案或生态补偿方案。

4）海岛水资源保护方案。当海岛存在淡水资源且用岛可能会影响到淡水资源时，应进行避让，避免对海岛淡水资源造成影响；阐明项目用岛淡水涵养措施。不得超采地下水。

5）废水处理方案。阐述项目用岛的污废水的处理方式、处理能力、处理标准，再生水回用方案等，附废水处理设施平面布置图。

6）固废处理方案。阐述项目用岛的固废收集处理方案，包括垃圾处理方式、能力、标准，环境卫生设施的数量、位置、布局等，附固废处理设施平面布置图。

7）废气与粉尘等的处理措施。阐述项目用岛的废气、粉尘、放射性物质等排放的主要成分、浓度、标准、总量；噪声、震动、光辐射、电磁辐射等的强度与标准；说明主要处理措施或装置等。

8）周边海洋生态环境的保护措施。当项目用岛对周边海域生态产生影响时，应提出减少对其影响的保护措施或方案。影响难以避免的，应提出生态补偿方案。

9）其他保护措施。项目用岛涉及助航导航、测绘、气象、海洋监测等公益设施的，应提出减少对其影响的保护措施。说明项目用岛在节能减排、低碳环保方面所采取的措施和方法。

（5）海岛生态监测站（点）布局与监测计划。对石油、化工、煤炭、核电等项目用岛，以及其他危险品项目用岛，提出海岛生态环境监测设施建议及配套能力建设内容，明确海岛及周边海域生态监测站点布局、监测内容、监测方法和频次，并附生态监测站（点）布局图。其他项目用岛应提出相应的跟踪监测计划，视情建设。

（6）附图。附图一般应包括海岛位置图、项目用岛位置图、平面布置图、分类型界址图、建筑物和设施布置图、岸线使用图、典型断面图、开发利用具体方案效果图、宗海位置图和宗海界址图（项目涉及用海的提供）、供排水设施与管（线）网平面布置图、电力及能源设施与管（线）网平面布置图、交通设施平面布置图、固废处理设施平面布置图、保护对象分布及保护范围图、生态监测站（点）布局图等。

3. 其他要求

（1）数据资料可靠性要求。海洋资源、环境和生态现状分析测试数据应由具有国家级、省级计量认证或实验室认可资质的单位提供。社会经济发展状况资料以所在地人民政府职能部门统计和发布的最新数据资料为准。海岛保护规划、相关规划与区划应现行有效。海岛及周边海域开发利用现状资料应经实地调访、勘查获取和核实。

（2）数据资料时效性要求。通过收集、现状调查和现场勘查等途径获取的数据资料应能客观反映当前海岛和海域的状况。海岛与海洋资源、环境和生态现状等资料应采用三年以内（按年度计算）调查获取的资料。当地社会经济发展状况资料应采用两年以内（按年度计算）的统计资料。遥感影像应采用能清晰反映论证范围内海岛和周边海域开发利用现状的最新资料。

（3）图件要求。具体方案的相关图件应清晰，有相关人员的亲笔签名并加盖单位印章，并符合相关标准和设计要求。

（二）编制无居民海岛保护和利用规划

根据相关规定，县级人民政府应当根据全国海岛保护规划和省海洋功能区划、省海岛保护规划逐岛组织编制无居民海岛保护和利用规划，并与其他规划相衔接。无居民海岛的开发利用应当以省海岛保护规划、无居民海岛保护和利用规划为依据。

无居民海岛保护和利用规划应当包括下列内容：海岛的岛形、岛貌和需要保护的自然资源及景观；海岛的用途；海岛各区域、岸线和周边海域的使用性质及界线；航道、电力、通讯等基础配套设施；开发利用中需要采取的保护措施。无居民海岛用于旅游、娱乐、工业等经营性开发利用的，其保护和利用规划还应当包括无居民海岛及其周边海域的环境容量要求；无居民海岛及其周边海域生态环境已经受损的，其保护和利用规划还应当包括生态修复的主要措施。

无居民海岛保护和利用规划，由县（市、区）海洋主管部门会同同级发展和改革、住房和城乡建设（规划）、交通运输、国土资源、环境保护等有关部门编制，报本级人民政府批准后实施。县（市、区）海洋主管部门应当及时将无居民海岛保护和利用规划报省海洋主管部门备案。

编制无居民海岛保护和利用规划，应当通过召开论证会、咨询会等形式征询有关专家意见，并以适当方式征求社会公众意见。规划报批材料中应当说明专家和社会公众意见采纳情况。无居民海岛保护和利用规划经批准后应当向社会公布；但是，涉及国家秘密的部分除外。

县级（市级）无居民海岛保护和利用规划编写大纲

一、无居民海岛基本情况

（一）无居民海岛行政区域位置
（二）无居民海岛地理坐标位置
（三）无居民海岛海岸线以上的面积
（四）无居民海岛地形地貌
（五）无居民海岛自然生态
（六）无居民海岛岸线水深等资源情况
（七）无居民海岛及周边开发利用情况
（八）无居民海岛已开展的保护情况

二、单岛保护区的区域和内容

（一）划定单岛保护区的范围
1. 单岛保护区面积一般不小于单岛总面积的三分之一；
2. 单岛保护区可以根据实际情况设定一处或多处；
3. 如特殊需要单岛保护区可包括部分周边海域。
（二）单岛保护区保护的主要对象
1. 有研究和生态价值的草本和木本植物；
2. 有研究和生态价值的珍稀动物；
3. 航标、名胜古迹等人工建筑物；
4. 特殊地质或景观的地形地貌；
5. 海岸线、沙滩等重要的海岛资源。

三、单岛保护区保护的具体措施

（一）严格按照《县级（市级）无居民海岛保护和利用规划》编制《无居民海岛开发利用具体方案》；

（二）单岛保护区养护和维修的具体办法；

（三）单岛保护区保护的经费来源；

（四）相关单位对单岛保护区的责任和义务；

（五）单岛保护区要达到的保护目标。

四、对海岛开发利用活动的要求

（一）不得建设对海岛环境有严重影响的项目；

（二）开发活动期间要采取对海岛保护的措施；

（三）项目在运营期间不得对环境造成危害；

（四）利用海岛的单位和个人应承担海岛保护的义务；

（五）开发利用项目应采取的防灾减灾措施。

（三）无居民海岛开发利用项目论证报告编写

根据国海规范〔2017〕5 号规定，无居民海岛开发利用项目论证报告编写总体要求包括：

（1）无居民海岛开发利用项目论证报告（简称论证报告）是通过对用岛必要性和开发利用具体方案的科学性、合理性和可行性研究，提出该项目是否可行，为开发利用审查批准提供科学依据。论证报告应在自然资源和生态系统本底调查基础上，按照保护优先、合理开发、永续利用、集约节约、绿色低碳的原则，依法、依规、科学、客观、公正地编制。

（2）论证报告重点论证无居民海岛开发利用的必要性、开发利用具体方案的合理性、对海岛及其周边海域生态系统的影响；对海岛植被、自然岸线、岸滩、珍稀濒危与特有物种及其生境、自然景观和历史、人文遗迹等保护措施的可行性、有效性等内容。

（3）论证报告应注重从源头上预防项目用岛对海岛生态系统造成破坏，突出对生态海岛开发利用模式的引导作用。对不符合各级海岛保护规划、海洋生态红线及其他政策、技术标准规范等要求的，或存在重大环境、生态制约因素、生态影响不可接受、生态保护方案不满足海岛生态保护要求的，应提出项目用岛不可行的结论。

（4）论证报告对项目用岛面积、用岛方式、用岛类型、主要施工方式和生产工艺没有体现生态海岛开发利用模式要求的，应提出改进优化的建议。

论证报告编写大纲及要求如下。

1. 概述

（1）论证工作由来。简要介绍论证任务的来源及论证报告编制工作的相关背景情况。

（2）论证依据。列举论证报告编制过程中依据的法律法规、技术标准和规范、相关规划区划以及其他基础资料等。

（3）论证范围。论证范围应覆盖项目所在整个无居民海岛陆域和项目用岛可能影响到的周边海域。项目涉及占用海岛周边海域的，应按照《海域使用论证技术导则》的要求确定海域论证范围。论证范围应以平面图方式标示，说明论证范围和论证面积等内容。

（4）项目申请用岛情况。根据项目用岛申请材料，说明项目在海岛上的具体区位，明确项目所占用的海岛面积（包括用岛面积和用岛投影面积）、用岛类型、用岛方式、使用年限、占用海岸线的长度、类型和比例等。项目涉及占用海岛周边海域的，应给出用海面积、用海类型、用海方式和用海年限等。

（5）必要性分析。

项目建设必要性。根据区位条件、当地经济状况、产业布局及发展方向、建设需求等，分析说明项目建设的必要性和意义。

项目用岛必要性。根据项目用岛类型、规模和项目总体布置，结合所在海岛及其周边区域资源环境条件、区位特点，从资源、生态、环境、安全、经济效益、海岛的支撑条件和制约条件等方面，综合论证项目用岛的理由和必要性。

2. 项目所在海岛概况

（1）海岛及其周边海域自然环境概况。说明项目所在海岛的标准名称、地理位置、所处行政区、类型、岸线长度、面积、海拔高度、近陆距离等（附海岛地理位置图）。

简要说明海岛及其周边海域的气候条件、水文动力状况、地形地貌与冲淤状况、自然灾害、工程地质状况等。

（2）海岛及其周边海域资源、生态本底概况。简要说明海岛及其周边海域资源条件（包括植被、淡水、沙滩、矿产等）的概况，涉及项目需要使用的资源应当重点阐述。

简要说明海岛及其周边海域的生态本底现状，阐明重要的生态系统和特殊生境、需要特殊保护的自然保护区、珍稀濒危生物和海岛特有动植物、古树名木等的分布和特征。

详细的调查资料，按有关规范装订成册。

（3）海岛及其周边海域开发利用现状。简要介绍海岛所在行政区域的社会经济基本情况。阐明项目所在海岛及周边海域开发利用活动的位置、类型、方式、规模、权属以及与本用岛项目的位置关系等，附开发利用现状图。

3. 项目用岛对海岛及周边海域的影响

（1）项目用岛对海岛地形地貌的影响。阐明项目用岛对海岛地形地貌的影响范围和程度，分析项目用岛对海岛自然表面形态特征、高度等的影响；分析项目占用岸线对海岛及周边海域生态功能的影响；分析项目用岛对沙滩面积、形态、质量和冲淤变化等的影响。

（2）项目用岛对海岛植被的影响。分析海岛开发利用对植被占用或影响的面积、影响方式、影响程度。

（3）项目用岛对海岛水资源的影响。分析项目用岛对岛上淡水的占用、消耗及其可能产生的水环境影响，给出影响范围和程度。

（4）项目用岛对典型生态系统的影响。分析项目用岛对滨海湿地、珊瑚礁、红树林、海草（藻）床等典型生态系统的影响方式、影响范围和程度。

（5）项目用岛对周边海域生态环境的影响。简要分析项目用岛对周边海域水质、沉积物质量、生物、生态环境的影响，给出影响范围和程度，对生态损害价值进行评估。

（6）项目用岛对其他资源生态的影响。分析项目用岛对其他资源生态（如珍稀濒危与特有物种及其生境、自然景观和历史、人文遗迹等）的影响。对涉及鸟类栖息地、迁徙停歇地的海岛，应重点分析项目用岛对鸟类的影响。

4. 项目用岛协调分析

（1）项目用岛对海岛及周边海域开发活动的影响分析。分析项目用岛对海岛及周边海域开发活动的影响方式、影响时间、影响范围和程度等，绘制资源环境影响范围与开发利用现状的叠置图，注明受影响的开发活动。

（2）利益相关者的界定。界定项目用岛的利益相关者，分析利益相关内容、涉及范围等，并绘制利益相关者分布图。项目用岛过程中涉及对自然资源、林业、交通、水利、测绘、气象等的影响，应将上述相关管理机构界定为协调对象。

列出项目用岛的利益相关者一览表（一般包括利益相关者名称、相对位置关系、利益相关内容、损失程度等内容）。

（3）相关利益协调分析。分析项目用岛与各利益相关者的矛盾是否具备协调途径和机制，分别提出具体的协调方案，明确协调内容、协调方法和协调责任等，已达成的协议应作为论证报告附件。

项目用岛需要与自然资源、林业、交通、水利、测绘、气象等管理部门进行协调的，应明确协调方式和内容等。

（4）项目用岛对国防安全和国家海洋权益的影响分析。分析项目用岛对国防安全、军事活动、海洋权益是否存在影响。若项目用岛有碍于国防安全和军事活动的开展，或有碍国家海洋权益，或涉及领海基点等，应提出调整或取消项目用岛的建议。

5. 与相关规划、区划符合性分析

（1）项目用岛与海岛保护规划的符合性分析。分析论证项目用岛类型是否符合各级海岛保护规划对海岛的功能定位，是否满足海岛分区保护和分类保护的管理和保护要求，附相关规划图件（包括项目用岛平面布局与可开发利用无居民海岛保护与利用规划叠置图）和规划登记表。

（2）项目用岛与海洋功能区划等法定规划的符合性分析。根据项目用岛的选址、规模、布局等，分析项目用岛与海洋功能区划、海洋主体功能区规划、生态红线、环境保护规划、城乡规划等相关区划、规划的符合性，附相关图件。

6. 工程建设方案合理性分析

（1）占岛区位的合理性。根据海岛保护要求和分区控制要求等，分析项目占岛区位的合理性、自然资源和生态环境的适宜性等。

（2）用岛方式的合理性。依据项目建设特点，分析项目用岛方式是否有利于保持海岛基本属性，是否有利于保护海岛生态系统，是否有利于海岛保护对象的保护，是否最大程度地降低对海岛及周边海域生态环境的影响。

（3）平面布置的合理性。分析项目用岛平面布置是否体现了集约、节约用岛的原则，是否满足距离海岸线、沙滩距离的要求；平面布局是否符合生态红线管控要求等，是否满足相关产业的平面设计规范要求；平面布置是否体现生态设计理念，绿地率、生态廊道比例、建筑密度等是否符合相关生态设计标准和规范要求。

分析项目用岛的布局、建筑物和设施是否与海岛整体风貌、周围植被和景观相协调。

（4）用岛面积和占用岸线的合理性。根据项目建设规模以及相关行业技术标准等，量化分析建筑物和设施占岛面积、用岛区块面积和整个项目用岛面积的合理性。项目占用海岸线时，应分析占用岸线是否必要、合理，是否满足海岛自然岸线保有率和沙质海岸保护管控目标和要求。

（5）用岛年限的合理性。以建筑物与设施的主体结构、主要功能的设计使用（服务）年限等作为依据，以法律法规的规定作为判断标准，分析项目申请的用岛期限是否合理。

（6）施工方式和生产工艺的合理性。根据具体用岛的施工工艺和生产工艺，分析工艺方法是否满足相关规范和清洁生产要求，是否采用了生态型、环境友好型施工工艺，以及绿色环保和低碳节能等生产工艺。

7. 生态保护方案有效性分析

（1）地形地貌保护方案的有效性。对涉及严重改变地形地貌的用岛项目，分析所采取的保护海岛地形地貌的生态建设方案是否合理有效，是否最大限度地保护海岛地形地貌的原始性和多样性。

占用自然岸线的用岛项目，分析所采用的岸线利用方案是否满足生态化利用要求，能否体现新形成岸线的生态化、绿色化、自然化。

对优质沙滩、典型地质地貌景观和历史人文遗迹、生态功能与资源价值显著的海岛岸线，严格限制改变海岸自然形态和功能。项目用岛可能会对其产生影响的，应分析提出的保护措施是否可行、有效，是否能够最大限度减少对海岸自然形态和功能的影响。

（2）植被保护方案的有效性。分析开发利用具体方案所采取的减少对海岛植被影响的措施或植被修复方案是否可行、有效，是否会导致特有物种消失或引起外来物种入侵等。

（3）典型生态系统、珍稀濒危及特有物种保护方案的有效性。分析开发利用具体方案对滨海湿地、红树林、珊瑚礁、海草（藻）床等典型生态系统、珍稀濒危与特有动物等保护方案或措施的有效性，尤其是保护目标识别是否全面，保护范围和保护措施是否合理。

（4）废水处理的可行性。根据项目用岛所产生的污废水种类和产生量，分析污废水处理方式、处理能力是否合理、可行。如有排放的，应分析排放方式和排放标准是否满足相关规范要求。

（5）固体废弃物处置的可行性。根据项目用岛所产生的固体废弃物种类和产生量，分析固体废弃物收集、处理能力是否合理、可行，处置方式和标准是否满足相关规范要求。

（6）其他污染物处置措施的可行性。根据项目用岛产生的废气、粉尘、放射性物质等的成分和产生量，噪声、震动、光辐射、电磁辐射等的强度，分析采用的处理措施是否合理、可行。

8. 生态站（点）布局及监测计划合理性分析

根据项目用岛对海岛资源、生态、环境的影响分析结果，分析海岛生态环境监测设施及配套能力建设是否满足监测工作需求，生态站（点）布局是否合理，监测内容是否覆盖了保护对象、关键生态要素和因子，监测方法和监测频次等是否合理、可行。

9. 结论与建议

（1）结论。论证结论应清晰、简洁，一般应包括项目用岛的基本情况、必要性、生态环境影响、开发利用协调性、与相关规划、区划的符合性，工程建设方案的合理性、生态保护方案的有效性等分析结论。在综合分析的基础上，提出项目用岛是否可行的结论。

（2）建议。根据项目用岛具体情况，提出项目落实海岛保护规划管理要求、保障保护对象安全的建议。提出项目用岛过程中对用岛面积、建筑物和设施体量、实际用途、施工方式、用岛影响等进行监督检查的管理建议。

对于在减缓资源环境影响、促进集约节约用岛和生态用岛等方面仍有优化空间的，应提出相关建议。

10. 附件

附件一般应包括海岛地形图、项目用岛位置图、分类型界址图、建筑物和设施布置图、现状照片资料、资料来源说明、与海岛开发利用相关的前期批复文件、相关协调协议、其他文件和材料等。

其他要求如下：

（1）数据资料可靠性要求。海洋资源、环境和生态现状分析测试数据应由具有国家级、省级计量认证或实验室认可资质的单位提供。社会经济发展状况资料以所在地人民政府职能部门统计和发布的最新数据资料为准。海岛保护规划、相关规划与区划应现行有效。海岛及周边海域开发利用现状资料应经实地调访、勘查获取和核实。

（2）数据资料时效性要求。通过收集、现状调查和现场勘查等途径获取的数据资料应能客观反映当前海岛和海域的状况。海岛与海洋资源、环境和生态现状等资料应采用三年以内（按年度计算）调查获取的资料。当地社会经济发展状况资料应采用两年以内（按年度计算）的统计资料。遥感影像应采用能清晰反映论证范围内海岛和周边海域开发利用现状的最新资料。

（3）图件要求。具体方案的相关图件应清晰，有相关人员的亲笔签名并加盖单位印章，并符合相关标准和设计要求。

（四）无居民海岛出让方案编制

无居民海岛出让方案由三部分构成：基本情况、适用政策和技术审查。

基本情况部分，包括海岛利用规划和城市利用规划情况；待供海岛预审情况；计划指标情况；申请用岛情况等。适用政策部分，有 3 个层次的内容，第一层次是适用供岛政策，即供不供岛，在什么条件下供岛；第二个层次是适用供岛方式，既有采取申请审批出让方式，又有"招拍挂"出让方式；第三个层次是适用价格政策。技术审查的部分，界址点、总供岛面积、供岛区块面积、海岛投影面面积的审查：一是待供海岛标准进行控制审查，环保标注、建筑高度标准、生态保护标准等；二是对岛上建设项目用地和建筑要求的结构进行审查。

辅助部分，主要是用于进一步支持和说明上述三个部分，如有关技术参数；

可行性研究和初步设计资料；有关用岛项目论证说明资料等。

三、无居民海岛使用申请审批出让

无居民海岛开发利用应遵循科学规划、保护优先、合理开发、永续利用的原则，全面落实海洋生态文明建设要求，鼓励绿色环保、低碳节能、集约节约的生态海岛开发利用模式。为加强无居民海岛保护与开发利用管理，必须对无居民海岛使用申请、审理、审核、审批程序作出规范。

（一）审批依据

（1）《中华人民共和国海岛保护法》《无居民海岛开发利用审批办法》及有关法律法规和文件；

（2）省和市、县、自治县总体规划；

（3）国家和省相关产业政策；

（4）无居民海岛开发利用管理技术标准和规范。

（二）审批权限

无居民海岛使用实行国家和省级分级审核、审批制度。省政府审批权限内，非经营性开发利用无居民海岛活动审批，有两个以上使用意向的无居民海岛除外。一般用岛项目由省政府审批，开发利用下列无居民海岛，由国务院审批：（1）造成海岛消失的用岛；（2）实体填海连岛工程项目的用岛；（3）探矿、采矿及经营土石等开采活动的用岛；（4）涉及国家领海基点、国防用途和海洋权益的用岛；（5）涉及国家级海洋自然保护区和特别保护区的用岛；（6）国务院或者国务院投资主管部门审批、核准的建设项目的用岛；（7）外商外资项目使用海岛的用岛；（8）国务院规定的其他的用岛。

（三）申请审批程序

1. 申请

无居民海岛使用项目申请人应向海岛所在市县海洋主管部门提出申请，并提交下列材料：

（1）无居民海岛使用申请书；

（2）无居民海岛使用的坐标图；

（3）无居民海岛开发利用具体方案；

（4）无居民海岛使用项目论证报告；

（5）相关资信证明材料；

（6）存在利益相关者的，应当提交解决协议。

2. 市县审查

市县海洋主管部门收到申请后，应进行实地勘察，对无居民海岛使用申请进行审查，并出具书面审查意见。市县海洋主管部门的审查意见，经当地人民政府同意后报省海洋主管部门。

市县海洋主管部门重点审查下列内容：1）是否符合单岛保护和利用规划；2）界址、面积是否清楚，有无权属争议；3）申请材料是否齐全。

3. 省海洋主管部门审核（查）

省海洋主管部门收到市县海洋主管部门的审查意见后，应进行实地勘察，依据相关规定对无居民海岛使用申请材料及各级审查意见进行审核。

对于由省政府批准的用岛项目，省海洋主管部门主要通过组织专家评审、公示（含网上公示和现场公示）、征求有关单位意见、省海洋主管部门海岛使用项目审核委员会审核、省海洋主管部门行政办公会议审定等方式对下列内容进行全面审核：

（1）申请、受理、审查程序是否符合规定；

（2）界址、面积是否清楚，有无权属争议；

（3）是否符合省级海岛保护规划；

（4）无居民海岛开发利用具体方案的编制是否符合规定和技术标准；

（5）无居民海岛使用项目论证报告的编制是否符合规定和技术标准，结论是否可行；

（6）是否影响国家海洋权益、国防安全和海上航行安全；

（7）申请材料是否齐全。

对于由国务院审批的用岛项目，省海洋主管部门只需对其审查并经省政府同意后报国家海洋局审核。主要审查下列内容：

（1）申请、受理、审查程序是否符合规定；

（2）界址、面积是否清楚，有无权属争议；

（3）申请材料是否齐全。

4. 上报省政府批准

对于由省政府批准的用岛项目，上报省政府批准时，提交下列材料：

（1）无居民海岛使用申请材料，包括无居民海岛使用申请书，无居民海岛使用的坐标图，无居民海岛开发利用具体方案，无居民海岛使用项目论证报告，相关资信证明材料，存在利益相关者的，应当提交解决协议；

（2）市县海洋主管部门审查意见；

（3）市县人民政府审查意见；

（4）技术报告专家评审意见；

（5）有关部门意见；

（6）省海洋主管部门审查意见。

对于由国务院审批的用岛项目，上报省政府批准时只需提交第（1）、（2）、（3）、（6）项材料。

（四）无居民海岛使用批准通知书

无居民海岛经过申请审批批准后，应当发放无居民海岛使用批准通知书，明确使用年限、面积、建筑类型等，使用权人凭无居民海岛使用批准通知书办理无居民海岛使用权登记。

四、无居民海岛使用权招拍挂出让

（一）无居民海岛招拍挂出让范围及使用条件

（1）出让范围：旅游、娱乐、工业等经营性用岛和有两个以及两个以上使用意向的用岛，实行招标、拍卖或者挂牌方式出让无居民海岛使用权。

（2）适用情况：出让形式一般以拍卖、挂牌方式为主。以满足特定开发目标并以海岛开发利用综合效果最优为条件确定使用权人的，可采取招标方式出让。

（3）前置性条件：无居民海岛出让应符合科学规划和"净岛"出让的要求。海岛出让前，县级人民政府应已批准并公布其保护和利用规划，出让时不存在权属和利益纠纷。

（二）无居民海岛使用权出让招拍挂办事程序

1. 使用权出让

（1）前期工作。县区级政府组织编制并批准单岛规划；组织《无居民海岛开发利用具体方案》和《无居民海岛使用项目论证报告》编制、评审；开展无居民海岛价值评估。

（2）出让方案报批。确定底价；制订招拍挂方案及相关文件；方案逐级上报有审批权人民政府审批。

（3）开展招拍挂。具体按方案及招拍挂有关规定办理，组织中标合同签订及无居民海岛使用金缴纳。

（4）登记发证。办理无居民海岛使用权登记报批手续，领取使用权证书。

2. 开发权出让

（1）前期工作。县区级政府组织编制并批准单岛规划；开展无居民海岛价值评估。

（2）出让方案报批。确定底价；制订招拍挂方案及相关文件；方案逐级上报有审批权人民政府所属的海洋主管部门审核。

（3）开展招拍挂。具体按方案及招拍挂有关规定办理，组织中标合同签订。

（4）申请审批无居民海岛使用权。中标人委托编制《海岛开发利用具体方案》和《无居民海岛使用项目论证报告》，按审批程序依法申请办理无居民海岛使用权证书。

（三）编制无居民海岛使用权招标、拍卖或者挂牌有偿出让方案

县（市、区）海洋主管部门应当会同有关部门制订无居民海岛使用权招标、拍卖、挂牌的具体方案，报省人民政府批准后实施。

1. 依据条件

海岛保护规划、海洋功能区划、无居民海岛保护和利用规划以及经济社会发展规划。

2. 出让方案的主要内容

（1）无居民海岛的位置、面积、自然状况及现状；

（2）出让范围、面积、用途、使用期限；

（3）开发利用功能布局、建筑物和设施的最大占岛面积、建筑物高度限制、绿地率和自然岸线保有率等开发控制性指标，环境保护要求和需要采取的保护措施；

（4）交通、水、电等基础设施配套方案；

（5）利益相关者处理情况；

（6）采用的出让方式与理由；

（7）具体项目和开发利用进度要求；

（8）省人民政府规定的其他要求；

（9）起始价的组成结构；

（10）开发利用主体（投标人或竞买人）资格要求。

无居民海岛及其周边海域生态环境已经受损的，招标、拍卖、挂牌的具体方案还应当包括生态修复的主要措施。

3. 报省海洋主管部门审核材料

出让机构应将出让海岛的位置、用途、出让范围、出让面积、出让期限等内容在当地进行公示，公示期限不得少于7日。公示期无异议问题已处理完毕的，出让机构将出让方案报经同级人民政府同意后，报省级海洋行政主管部门审核❶，并附以下材料：

---

❶ 《浙江省无居民海岛使用权招标拍卖挂牌出让管理暂行办法》规定，无居民海岛使用权招标、拍卖、挂牌的具体方案，报省海洋主管部门审核。《山东省无居民海岛使用权招标拍卖挂牌出让管理办法》规定，无居民海岛使用权招标、拍卖、挂牌的具体方案，报经同级人民政府同意，报市级海洋行政主管部门，市级海洋行政主管部门对出让方案及附属材料的真实性、合规性进行审查，形成书面审查意见报同级人民政府后，将相关材料转报升级海洋行政主管部门。

（1）《无居民海岛使用权公开出让呈报表》；

（2）海岛及开发利用位置的坐标图和地形图；

（3）无居民海岛开发利用具体方案；

（4）无居民海岛开发利用项目论证报告；

（5）相关部门支持性文件；

（6）政策处理的文件及补偿落实材料；

（7）现场勘察情况材料；

（8）公示、异议复核和听证结果材料；

（9）其他有关材料。

省海洋主管部门审核无居民海岛使用权招标、拍卖、挂牌的具体方案时，主要对以下内容进行审核：

（1）相关材料是否齐全，程序是否符合要求；

（2）开发利用具体方案及项目论证报告是否符合省海岛保护规划、无居民海岛保护和利用规划以及相关技术标准；

（3）开发利用项目是否影响国家海洋权益、国防安全和海上航行安全；

（4）开发利用主体的经营范围、开发能力等资格设定是否合理；

（5）建议批准使用的无居民海岛是否计划设置更重要的无居民海岛使用项目；

（6）海岛用途、使用期限的确定是否科学合理；

（7）国家和省人民政府规定的其他要求。

审核后报省人民政府审批。出让方案经省政府批准后，由出让机构组织实施招标、拍卖或挂牌活动。出让机构应在一年内完成出让工作。超过一年未完成的，或者出让方案发生重大调整的，应当重新报批。

（四）无居民海岛使用权招拍挂工作

1. 编制招拍挂出让文件

出让文件应当包括出让公告、投标或者竞买须知、海岛使用条件、海岛及开发利用位置的坐标图、标书或者竞买申请书、中标申请书或者成交确认书、无居民海岛使用权出让合同样本等。

2. 招标、拍卖或者挂牌出让公告

出让人应当至少在投标、拍卖或者挂牌开始前二十日在相关指定媒体发布招标、拍卖或者挂牌公告，公布招标、拍卖挂牌出让无居民海岛的基本情况和招标拍卖挂牌的时间、地点。招标、拍卖或者挂牌出让公告应当包括下列主要内容：

（1）出让人名称和地址；

（2）出让无居民海岛基本情况及出让海岛的范围、面积、现状、用途、使用年限和使用要求等；

（3）投标人、竞买人的资格要求及申请取得投标、竞买资格的办法；

（4）获取招标拍卖挂牌出让文件的时间、地点及方式；

（5）招标拍卖挂牌时间、地点、投标挂牌期限、投标和竞价方式等；

（6）确定中标人或竞得人的标准和方法；

（7）招标、拍卖或者挂牌活动履约保证金；

（8）招标、拍卖或者挂牌活动参与人的责任和义务；

（9）其他需公告的事项。

3. 无居民海岛使用权投标、开标程序

（1）投标人应当在招标文件要求提交投标文件的截止时间前，将投标文件送达投标地点。招标人收到投标文件后，应当签收保存，不得开启。投标人少于三个的，招标人应当重新招标。

（2）招标人按照招标文件规定的时间、地点开标，由投标人或者其推选的代表检查投标文件的密封情况，也可以由招标人委托的公证机构检查并公证，经确认无误后，由工作人员当众拆封，宣布投标人名称、投标价格和提交文件的主要内容。出让人开标时应邀请所有合格投标人参加。

（3）评标小组进行评标。评标小组由出让人代表、有关专家组成，成员人数为五人以上的单数。评标小组可以要求投标人对投标文件作出必要的澄清或者说明，但是澄清或者说明不得超出投标文件的范围或者改变投标文件的实质性内容。评标小组应当按照招标文件确定的评标标准和方法，对投标文件进行评审。

（4）招标人根据评标结果，确定中标人。按照价高者得的原则确定中标人的，可以不成立评标小组，由招标主持人根据开标结果，确定中标人。

对能够最大限度满足招标文件中规定的各项综合评价标准，或者能够满足招标文件的实质性要求且价格最高的投标人，应当确定为中标人。

4. 无居民海岛使用权拍卖程序

（1）拍卖主持人点算竞买人；

（2）拍卖主持人介绍拍卖海岛的位置、面积、用途、使用期限、规划要求和其他有关事项；

（3）拍卖主持人宣布起叫价和增价规则及增价幅度，设有底价的，应当明确提示；

（4）拍卖主持人报出起叫价；

（5）竞买人举牌应价或者报价；

（6）拍卖主持人确认该应价后继续竞价；

（7）拍卖主持人连续三次宣布同一应价而没有再应价的，主持人落槌表示拍卖成交；

（8）拍卖主持人宣布最高应价者为竞得人。

5.无居民海岛使用权挂牌程序

（1）在挂牌公告规定的挂牌起始日，出让人将挂牌海岛的位置、面积、用途、使用期限、规划要求、起始价、增价规则及增价幅度等，在挂牌公告规定的海岛使用权交易场所挂牌公布；

（2）符合条件的竞买人填写报价单报价；

（3）挂牌主持人确认该报价后，更新显示挂牌价格；

（4）挂牌主持人继续接受新的报价；

（5）挂牌主持人在挂牌公告规定的挂牌截止时间确定竞得人。

（五）无居民海岛使用权出让合同

无居民海岛使用权出让合同，是指市、县人民政府海洋行政管理部门作为出让方将无居民海岛使用权在一定年限内让与受让方，受让方支付无居民海岛使用金的协议。一般而言，出让合同主要包括无居民海岛开发利用面积和方式、生态保护措施、使用金缴纳、法定义务等。

五、无居民海岛使用金管理

（一）无居民海岛使用金制度

1.无居民海岛使用金的概念

无居民海岛使用金，是指国家在一定年限内出让无居民海岛使用权，由无居民海岛使用者依法向国家缴纳的无居民海岛使用权价款，不包括无居民海岛使用者取得无居民海岛使用权应当依法缴纳的其他相关税费。它的实质是使用者使用无居民海岛的价格。而无居民海岛价格的本质内涵是无居民海岛权利和无居民海岛收益的价格。

因此，无居民海岛使用金应是无居民海岛所有权在经济利益下的实现，它具有以下法律特征：

（1）无居民海岛使用金成立的前提条件是出让方出让无居民海岛使用权，只要采用出让方式处分无居民海岛使用权即可收取使用金。

（2）获取无居民海岛使用金的权利主体是国家。如前所述，使用金的实质内涵是无居民海岛权利垄断所形成的一种权利价格。对于无居民海岛权利我国现行法律保护的主要是所有权和使用权，使用金是所有者转移其无居民海岛使用权的使用价格，获取使用价格是所有者行使使用权的一种经济利益。

（3）无居民海岛使用金的交费义务人是出让无居民海岛使用权受让人，凡是出让无居民海岛使用权的受让人都应按出让合同约定的条件缴纳使用金。

2. 无居民海岛使用金的特点

（1）无居民海岛使用金不是价值的货币表现，其价格高低不由生产成本决定。无居民海岛是一种自然物，不是人类劳动的产物，没有价值，也无所谓生产成本，所以，使用金就不会以无居民海岛价值或生产成本为依据，它反映的是对无居民海岛资源和资产的垄断权利价值。

（2）无居民海岛使用金是无居民海岛的收益价值。无居民海岛是一种财产，能给人们提供服务和收益，而这种服务和收益的获取必须以土地权利享有为前提。因此，无居民海岛买卖实质上是无居民海岛权利的买卖。因此，无居民海岛使用金就是为获得使用无居民海岛权利所付出的代价。

（3）无居民海岛使用金的高低取决于无居民海岛的需求状况。无居民海岛的供给是有限的，而需求是由社会、经济发展决定的，所以土地使用金的价格，不像一般商品由市场供需双方决定该商品的市场价，无居民海岛使用金价格只能随市场对无居民海岛的需求的变化而升降。

（4）无居民海岛使用金随交易对象而不同，即随用岛日的不同而改变，由于各类用岛日的不同，投资、效益不同，使用金价格也不同。

3. 使用金的种类

（1）根据出让方式分为申请审批出让无居民海岛使用金、招标出让无居民海岛使用金、拍卖出让无居民海岛使用金，三者本质上没有什么区别，只是出让形式有所不同导致不同出让方式条件下使用金价格高低有区别，一般协议使用金<招标使用金<拍卖使用金。

（2）根据无居民海岛使用权初次确权方式不同分为：原始使用金和补办出让使用金，原始使用金是指无居民海岛所有者以出让方式将无居民海岛使用权确认给无居民海岛使用者而收取的无居民海岛使用金。补办使用金是指划拨无居民海岛使用权的无居民海岛使用者，将无居民海岛使用权有偿转让、出租、抵押、作价入股和投资而补办出让手续向国家无居民海岛所有者补交的使用金。

（3）根据适用合同的规定分为：初期使用金、续期使用金和合同改约使用金。初期使用金是指出让双方当事人第一次签订无居民海岛出让合同确定支付的出让价款；续期使用金是指第一个无居民海岛使用期届满，受让人需要续期时使用无居民海岛经出让人确认后因续期而收取的出让价款；合同改约使用金是指受让人经批准改变合同约定的使用用途时，按规定补交的因改变用途而应补交的价款。

（二）储备无居民海岛使用金的确定及交付

无居民海岛使用权出让前应当由具有资产评估资格的中介机构对出让价款进行预评估，评估确定最低使用价，评估结果作为政府决策的参考依据。

1. 确定使用金的基本要求

无居民海岛使用金价格的确定，因出让方式不同，确定的因素不同。对于拍卖出让，本身就是公开决定使用金的过程。但政府要根据无居民海岛情况、用岛条件、经济发展水平测算基准地价和标定地价作为拍卖底价。使用金则主要取决于拍卖时叫卖的最高价。对于出让投标者，标书中标出的标价是中标不可缺少的内容和因素，而决定使用金的则不是投标者出的最高价，而是以投标人的综合条件与用岛条件的吻合程序，以及实现用岛目标的可靠度，而决定的最适宜中标人的投标价决定的，中标人的投标价就是该宗海岛使用金。对于协议使用金来讲，则是由海洋主管部门与受让方按照法律、法规规定协商确定，但不得低于政府规定的基准价的最低价。

在确定使用金时，应当遵循下列一般要求：

（1）维护国家利益，按照法律、法规规定来确定使用金的原则、办法，不得违法。

（2）以政府组织评定的基准价和标定价基础确定最低价格标准，使用金不得低于该标准。

（3）综合考虑有关各方面因素。这些因素主要有：

1）出让海岛的性质，即是属于工业用岛等经营性用岛、公共服务用岛等非经营性用岛；

2）无居民海岛的开发程度，即在出让前人们已经投入到该块无居民海岛中的劳动总量，主要体现在地面平整、生态修复、岛上的建筑物和基础设施等开发建设情况（由此确定无居民海岛开发费用）；

3）无居民海岛所处的地理位置，主要是无居民海岛距离城市中心、商业繁荣地区或者交通要道的远近；

4）无居民海岛按照城市建设规划确定的具体无居民海岛用途，即无居民海岛是作为商业性用岛还是作为公益性用岛等；

5）无居民海岛使用的年限；

6）海岛面积和形状、容积量；

7）征地、拆迁安置补助费用及生态补偿费用；

8）无居民海岛的市场情况，即无居民海岛的供给和需求状况；

9）无居民海岛的等级，无居民海岛地域等级❶往往根据无居民海岛的地理位置等确定；

10）无居民海岛周围所处的经济、社会环境，包括周边地区经济发展的状况

---

❶ 根据 2018 年 3 月 13 日发布的关于印发《调整海域无居民海岛使用金征收标准》的通知规定，依据经济社会发展条件差异和无居民海岛分布情况，将无居民海岛划分为六等。

（特别是交通方便与否、商业情况、公共生活设施情况等）、社区服务情况、绿化情况、单位和人员构成情况、治安状况等。

此外，还应考虑国家在当前实行的有关政策等因素对地价的影响。

2. 申请审批使用金及其最低价确定办法

以审批方式出让无居民海岛使用权的，其使用金款额由出让方海洋管理部门与受让方无居民海岛使用者双方按照法律、法规规定协商确定。由于出让无居民海岛使用权不是单纯的民事行为，双方协商使用金额时必须遵循国家对基准地价的规定，不得低于当地政府规定的最低价的限额。也就是说，双方应当在规定的基准价基础上，通过综合考虑各项影响价格的因素，作出评估，协商确定具体的出让价款。

3. 拍卖使用金的确定法

以拍卖方式出让无居民海岛使用权的，其使用金是通过多个竞买者（有意受让无居民海岛使用权的人）公开竞争报价来确定的。无居民海岛使用权拍卖，本身就是确定使用金的过程。这种使用金由报价最高的竞买者所报的价格为最终价款。需要指出的是，拍卖使用金必须高于拍卖者在竞买者开始报价前宣布的拍卖底价，也不得低于无居民海岛所有者代表（政府或其海洋行政管理部门）自己确定的最低价格（不公开，但拍卖机构知道）。如果拍卖底价宣布后，无人报价，或者竞买者报的最高价低于无居民海岛所有者代表自己定的最低价，那么，该拍卖不能成交。经过竞争报价，最后确定的使用金额有时会远远高于宣布的拍卖底价或者确定的出让最低价。

4. 招标使用金的确定

以招标方式出让无居民海岛使用权的，其出让使用金是通过投标者投标和评标委员会评标、决标等程序来确定的。当招标人（或者出让方）发出招标通告后，有意受让无居民海岛使用权的人应按要求提出以地价款、开发建设等为内容的书面投标书，每个竞投者只能投标一次。竞投者提出的价款是投标书必不可少的主要内容或者是中标必不可少的主要条件，但不是唯一的内容或条件。招标使用金，以评标委员会公开决定的中标者提出的价格为最终价款。评标委员会不仅仅是以投标者提出的价格高低为准来决定中标者的，还要综合考虑投标者提出的其他条件，从中择优确定中标者。因此，中标者提出的价格（也即使用金）并不一定是所有投标者中提出的最高价格，这是招标使用金与拍卖使用金的主要区别之一。

至于无居民海岛使用者转让、抵押、出租以等同于申请审批方式取得的无居民海岛使用权，补办出让手续的，确定无居民海岛使用金时，应当扣除转让金、租金或者抵押收入中不属于无居民海岛收益的那部分价款（主要是地上房屋、其他建筑物、构筑物价款）。

不管以何种方式出让无居民海岛使用权的，在出让合同签订后，受让方（无居民海岛使用者）都应当按照合同规定的价款额、期限、方式向国家（海洋行政管理部门为代表）交付使用金。

5. 无居民海岛使用金的交付

根据《无居民海岛使用金征收使用管理办法规定》，无居民海岛使用金实行就地缴库办法。省级以上海洋主管部门征收无居民海岛使用金，应当向无居民海岛使用者开具《无居民海岛使用金缴款通知书》，通知无居民海岛使用者按照有关要求，填写"一般缴款书"，在无居民海岛所在市、县就地缴纳无居民海岛使用金。省级以上海洋主管部门应将《无居民海岛使用金缴款通知书》以及"一般缴款书"第四联复印件报送财政部驻当地财政监察专员办事处备查。填写"一般缴款书"时，"财政机关"填写"财政部门"，"预算级次"填写"中央地方分成"，"收款国库"填写实际收纳款项的国库名称，"备注"栏注明中央地方分成比例。《无居民海岛使用金缴款通知书》应当明确用岛面积、适用的征收等别、征收标准、应缴纳的无居民海岛使用金数额、缴纳无居民海岛使用金的期限、缴库方式、适用的政府收支分类科目等相关内容。无居民海岛使用者应当在收到《无居民海岛使用金缴款通知书》一个月之内，按要求缴纳无居民海岛使用金。

（三）储备无居民海岛使用金的使用和管理

根据《关于海域、无居民海岛有偿使用的意见》规定，海域使用金和无居民海岛使用金纳入一般公共预算管理。无居民海岛使用金和向国家缴纳的土地税费一样，虽然征收办法不同，但都是国家（中央和地方）财政收入的组成部分。向无居民海岛使用者收取后，就必须按照国家有关规定使用和管理使用金。在这方面，自无居民海岛使用权有偿改革以来，国务院及其有关部委（财政部、国家海洋局等）颁布了一系列行政法规和规章，主要有《无居民海岛使用金征收使用管理办法》《关于调整海域无居民海岛使用金征收标准的通知》《关于海域、无居民海岛有偿使用的意见》等，对使用金使用和管理作了规定。

1. 上缴财政

根据国务院和财政部的有关规定，无居民海岛使用权使用金应全部上缴财政。财政部门是无居民海岛使用金收入的主管机关，海域行政管理部门是无居民海岛使用金的代征机关，其他部门和单位一律不得代为征收。根据财政部国家海洋局 2010 年 6 月发布的《无居民海岛使用金征收使用管理办法规定》，无居民海岛使用金属于政府非税收入，由省级以上财政部门负责征收管理，由省级以上海洋主管部门负责具体征收。国务院批准用岛的，无居民海岛使用金由国务院海洋主管部门负责征收。省级人民政府批准用岛的，无居民海岛使用金由海岛所在地省级海洋主管部门负责征收。无居民海岛使用金收入列《政府收支分类科目》"1030708 无居民海岛使用金收入"（新增），并下设 01 目"中央无居民海岛使用金收入"和 02 目"地方无居民海岛使用金收入"。无居民海岛使用者未按规定及时足额缴纳无居民海岛使用金的，按日加收 1‰的滞纳金。滞纳金随同无居民海岛使用金按规定分成比例和科目一并缴入相应级次国库。

2. 中央和地方财政的分成

根据《无居民海岛使用金征收使用管理办法规定》，无居民海岛使用金实行中央地方分成。其中，20%缴入中央国库，80%缴入地方国库。地方分成的无居民海岛使用金在省（自治区、直辖市，以下简称省）、市、县级之间的分配比例，由沿海各省级人民政府财政部门确定，报省级人民政府批准后执行。

3. 计征方式

根据《无居民海岛使用金征收使用管理办法规定》，无居民海岛使用金按照批准的使用年限实行一次性计征。应缴纳的无居民海岛使用金额度超过 1 亿元的，无居民海岛使用者可以提出申请，经批准用岛的海洋主管部门协商同级财政部门同意后，可以在 3 年时间内分次缴纳。分次缴纳无居民海岛使用金的，首次缴纳额度不得低于总额度的 50%。在首次缴纳无居民海岛使用金后，由国务院海洋主管部门或者省级海洋主管部门依法颁发无居民海岛使用临时证书；全部缴清无居民海岛使用金后，由国务院海洋主管部门或者省级海洋主管部门依法换发无居民海岛使用权证书。无居民海岛使用者申请分次缴纳无居民海岛使用金的申请和批准程序，按照本办法规定的免缴无居民海岛使用金的申请和核准程序执行。

4. 无居民海岛使用金使用范围

根据《无居民海岛使用金征收使用管理办法规定》，无居民海岛使用金的具体使用范围如下：

（1）海岛保护。包括海岛及其周边海域生态系统保护、无居民海岛自然资源保护和特殊用途海岛保护，即保护海岛资源、生态，维护国家海洋权益和国防安全。

（2）海岛管理。包括各级政府及其海岛管理部门依据法律及法定职权，综合运用行政、经济、法律和技术等措施对海岛保护和合理利用进行的管理和监督。

（3）海岛生态修复。包括依据生态修复方案，通过生物技术、工程技术等人工方法对生态系统遭受破坏的海岛进行修复，并对修复效果进行追踪的工作。

（4）省级以上财政、海洋主管部门确定的其他项目。

5. 无居民海岛使用金征收管理

根据有关规定，单位和个人使用无居民海岛，应按规定足额缴纳使用金（包括招标拍卖挂牌方式出让的溢价部分）。对欠缴使用金的无居民海岛使用权人，限期缴纳。限期结束后仍拒不缴纳的，依法收回使用权，并采取失信联合惩戒措施，建立用海用岛"黑名单"等制度，限制其参与新的无居民海岛使用权出让活动。建立健全无居民海岛使用金减免制度，细化减免范围和条件，严格执行减免规定，减免信息予以公示。国防、军事用岛依法免缴使用金。用岛项目已减免使用金的，其使用权发生转让、出租、作价出资（入股）或者经批准改变用途或性质的，应重新履行相关审批手续。制定养殖用海减缴或免缴海域使用金的标准。

具体在无居民海岛使用金管理上，对于当年缴入国库的无居民海岛使用金由财政部门在下一年度支出预算中安排使用。中央分成的无居民海岛使用金支出预算，按照国务院财政部门关于部门预算管理的规定进行编报、审核和下达；地方分成的无居民海岛使用金支出预算，按照本地区关于部门预算管理的规定执行。中央分成的无居民海岛使用金在用于中央本级支出有结余时，可以视情况安排补助地方无居民海岛使用金支出预算，或者由国务院财政部门统筹安排。无居民海岛使用金项目资金应当纳入单位财务统一管理，分账核算，确保专款专用。严禁将无居民海岛使用金项目资金用于支付各种罚款、捐助、赞助、投资等。

跨年度执行的项目在项目未完成时形成的年度结转资金，结转下一年度按规定继续使用。项目因故终止的，结余资金按照国务院财政部门关于财政拨款结余资金的有关规定办理。

第十章

无居民海岛收储制度的运行

无居民海岛收储是一个创新性的制度，目前国内仅有部分省份的沿海城市进行了尝试，但是这些先行者对于我们完善无居民有偿使用制度，特别是无居民海岛收储制度是有很大裨益的。本部分我们通过梳理现有的无居民海岛收储制度，进一步探索科学的无居民海岛收储体制。

一、无居民海岛收储模式选择

（一）主要模式

目前我国实行无居民海岛储备制度的城市，其无居民海岛收购储备模式大致可以分为三种：政府主导型收储模式、市场主导型收储模式以及政府市场混合型收储模式。

1. 政府主导型收储模式

政府主导型收储模式主要是在政府主导的基础上充分发挥市场机制配置无居民海岛资源的功能，以实现行政主导与市场运行有效结合。其海域海岛储备机构由两部分组成，属于双结构模式。成立无居民海岛收购储备工作领导小组（委员会），由分管市长牵头，主要职责为制定有关海域海岛储备和出让的政策、协调各有关部门的关系、落实资金、审查年度计划执行和资金运作情况以及监管海域海岛的运作等。海域海岛储备中心是海域海岛储备体系的执行机构，受市政府以及海洋主管部门的领导和监管，主要职责为根据市政府授权制定的收储计划适时进行无居民海岛收购，根据规划以及政府投融资需要储备海域海岛，经营管理依法收回的违法用岛并纳入海域海岛储备体系，多渠道、多途径地筹措资金，以及储备无居民海岛的前期开发、投放市场的准备工作等。该模式主要特点在于政府垄断收购和储备，海域海岛储备中心代表政府依法收购海域海岛。目前大多数城市实行这一做法。

2. 市场主导型收储模式

市场主导型收储模式主要采取成立海域海岛储备中心协助政府建立海域海岛收购、储备、出让机制，根据海岛保护利用总体规划以及经济发展的需求，适时储备无居民海岛，并将经过前期开发的储备无居民海岛投放市场。该模式的特点在于海域海岛储备中心根据自己的储备计划和市政府的要求，通过与被收购单位协商，确定无居民海岛收购价格，并由海域海岛储备中心支付收购金，从而取得无居民海岛并按现行规定缴纳无居民海岛使用金。储备机构取得无居民海岛后负责对无居民海岛进行简单基础设施配套，由海洋行政管理部门出让给新的无居民海岛使用者。在无居民海岛收购储备机制设置上，属于单一结构模式，即只有隶属于海洋行政管理部门的海域海岛储备中心负责无居民海岛收购储备的全过程，并按"三级政府、三级管理"的体制建立省、市、区三级，以市为主的无居民海岛储备网，同时按照市场机制运行收储工作。

3. 政府市场混合型收储模式

政府市场混合型收储模式是指由海域海岛储备机构将统一征用海岛、海岛收购储备、海岛供应、海岛交易和海岛开发整理等多项联系紧密的业务工作组合在一起，逐步形成了"双核心双支撑一纽带"的运作模式。其特点在于以海域海岛储备中心和海域海岛收储公司这两个中心为核心、海岛储备制度和海岛交易制度这两个制度为支撑，以市场为纽带，实现了无居民海岛整理、收购储备、交易"一条龙"的管理体系。通过"二个进口"和"一个出口"，以实现无居民海岛市场的规范化管理。舟山早期的探索采取了这一模式。舟山成立了海域海岛储备机构，同时成立了海域海岛收储开发公司，两个机构职能分开，储备机构负责收购、储备和出让，收储公司负责海岛前期开发。

4. 各模式的比较

政府主导型将无居民海岛储备作为一种政府对市场的宏观调控手段，增强了政府对无居民海岛一级市场的垄断。其模式最突出的优势在于，政府或者海洋主管部门作为决策层充分研究各项政策，能有效协调各部门关系，对海域海岛储备机构起到领导和监督的作用，而海域海岛储备机构作为具体实施的单位，更能起到连接政府和无居民海岛市场的桥梁作用。但是，这一模式由于政府的垄断，制约了无居民海岛市场化进程，而且强制要求储备范围内的无居民海岛全部要求纳入储备体系，在一定程度给储备中心带来了巨大的资金压力和金融风险。

市场主导型的重点在于通过无居民海岛储备来实现无居民海岛的保值、增值，力求无居民海岛资产价值的最大化，其优势在于程序简单，无居民海岛进入市场速度较快，政府在无居民海岛的开发投资可以较少。市场主导型模式规定了储备无居民海岛的范围，但是对于范围内的无居民海岛收购并不具有强制性，且海域海岛储备机构的职能定位明确，权利义务的设定基本在当前法律框架范围内。但是由于过于强调市场化，类似于一般开发商的买地行为，若与被收购单位在价格等方面协商不成，海域海岛储备将无法进行，削弱了政府对无居民海岛市场化调控，不利于实现海域海岛一级市场的管理。

在混合型模式中，海域海岛储备机构与海域海岛收储公司实现无缝的链接。储备机构收储无居民海岛后，由海域海岛收储公司对无居民海岛进行前期开发，才能到一级市场进行交易出让。收储公司行使了这一执行职权，可以大大减轻储备机构的金融压力。但其缺点则与市场主导型一样，削弱了政府对无居民海岛一级市场的实际控制力，不利于实现无居民海岛一级市场的政府垄断，实际上收储机构只履行了一般收储程序，最终控制权已经落到海域海岛收储公司。

（二）运作模式

在目前的情况下，笔者认为第三种模式——政府市场混合型收储模式既发挥了政府的主导作用，也有效调动了市场的配置资源作用。因此，笔者认为，无居民海岛储备的核心理念应该是政府统筹管理下的企业化运作，具体采取"海域海岛储备中心+海域海岛收储开发建设公司"。体现为：根据市政府的授权，在市海洋与渔业局的统一领导下，海域海岛使用权储备（交易）中心负责全市海域海岛使用权的储备、出让以及二级市场交易工作；海域海岛收储开发建设有限公司发挥投融资功能和工程建设的优势参与海域海岛使用权储备和交易过程中的具体工作，包括协助中心做好收储项目的前期报批等相关工作，做好收储项目的围填海、岸线整治、基础设施配套等前期开发、对收储无居民海岛进行投融资等。

实行这一模式有助于实现公共资源市场化配置、落实国家无居民海岛有偿使用制度、避免国有资源资产流失，对于保护海岛生态环境，完善无居民海岛产权交易制度，维护无居民海岛使用权人合法权益，科学保护无居民海岛资源也具有重要意义。同时，对于提升我市海投公司在政府融资上的作用具有很大裨益。

采用"中心+公司"模式，能够有效发挥海洋行政主管部门的推动力和指导作用，也能够更好发挥国有企业投资经营的作用，体现"背靠政府，面向市场"的特性。对无居民岛屿及周边海域、海涂予以收储和保护性开发，既是有效整合我市平台公司与职能部门的优势资源，形成部门联动合力，又是各部门、平台公司在新区建设中践行"开发开放、先行先试"的举措体现，同时也是我市国有资本向基础性、战略性资源集聚，打造海洋海岛综合保护开发示范区和陆海统筹发展先行区的大胆探索和尝试，是舟山群岛新区建设的内在必然要求。

舟山市于2013年成立了舟山市海域海岛储备（交易）中心，同时也组建了舟山海域海岛开发建设投资有限公司（以下简称"收储公司"），在组建初期，双方以开发十六门8岛收储、规划等前期工作，然而由于行政管理职能不明、对无居民海岛价值认识不统一等问题，最终没有完成8岛的收储和开发工作。与其他市相比，我市我居民海岛开发目前已处于落后。

无居民海岛储备运作图如图 10-1 所示。

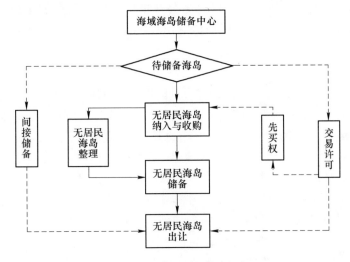

图 10-1　无居民海岛储备运作图

二、无居民海岛收储机构设置

(一) 国内无居民海岛收储机构设置探索

1. 象山县海洋资源管理中心

2011 年 9 月，象山县获浙江省政府批复列为浙江海洋综合开发与保护试验区，2011 年 11 月 4 日经象山县编办批准成立象山县海洋产权交易中心，同年 12 月被国家海洋局指定为海洋综合管理创新试点县。2012 年更名为海洋资源管理中心，代表政府收回、储备、出让海域海岛等海洋使用权，统一承担县内海域海岛储备管理工作。近年来，象山县以海洋产权交易为抓手，探索海域使用权抵押登记、招拍挂，无居民海岛使用权收储、出让等试点，推进海洋资源配置市场化改革，为全省乃至全国海洋综合管理提供了经验。该交易中心主要负责对该县海域、海岛等海洋产权的使用、交易及流转等行为进行监督与管理，确保海洋产权有偿使用制度和公平交易原则的有效落实。

2. 舟山市海域海岛使用权储备交易中心

舟山市于 2013 年 8 月成立了舟山市海域海岛储备 (交易) 中心。舟山市海域海岛使用权储备交易中心是舟山市海洋和渔业局直属单位，同时成立了舟山海域海岛收储有限公司，作为运行平台。海域海岛使用权储备交易中心主要职责包括：受市政府委托，对舟山市规划开发利用的海域、无居民海岛适时进行收购储备；做好储备海域、无居民海岛的前期开发、收购、资金测算平衡和出让前的准备工作；作为舟山市实施海域使用权、无居民海岛使用权公开出让、交易的指定场所和全市统一发布海域、无居民海岛公开出让、交易信息的平台；具体实施海域、无居民海岛使用权的"招拍挂"出让工作；负责规范与推进海域、无居民海岛使用权的二级市场转让交易。

3. 莆田海域海岛储备中心

2013 年 9 月，莆田成立福建省首个设区市级的海域海岛储备中心。海域海岛储备中心主要职责是受莆田市政府委托，负责编制全市年度海域海岛储备使用计划，实施海域海岛市场调控；对全市规划开发利用的海域、无居民海岛通过收回、收购、置换、新开发等方式进行储备，建立海域海岛储备数据库；实施海域、无居民海岛使用权的招标、拍卖和挂牌出让工作；组织对储备海域、无居民海岛前期开发、保护和管理；统筹管理海域海岛储备资金，制定和实施海域海岛储备运营情况报告制度，编制海域海岛储备信息并发布有关事项等业务。

4. 宁德市蕉城区海域海岛收储中心

2017 年 10 月，宁德市蕉城区海域海岛收储中心正式揭牌成立。该收储中心的成立对增加政府调控海域海岛市场能力、规范海域海岛市场运作、促进海域海岛资源合理利用、拓展和深化海域海岛资源市场化配置等方面都具有重要意义。海域海岛收储中心隶属蕉城区海洋与渔业局管理，主要职责是负责编制年度海域海岛储备使用计划，实施海域海岛市场调控；对全区规划开发利用的海域、无居民海岛通过收回、收购、置换、新开发等方式进行储备，建立海域海岛储备数据库；组织对储备海域、无居民海岛的前期开发、保护和管理，配合相关乡镇、开发区（管委会）人民政府做好储备海域海岛的征迁、招商推介和出让前期准备等工作；具体实施海域、无居民海岛使用权的招标、拍卖和挂牌出让工作；统筹管理海域海岛储备资金，做好海域海岛储备的资金测算平衡，制定和实施海域海岛储备运营情况报告制度，编制海域海岛储备信息并发布有关事项。

5. 晋江市海域储备中心

2013 年，晋江市成立全省首个县级海域储备中心—晋江市海域储备中心，拟定了《晋江市海域海岛储备管理暂行办法》，启动制定《晋江市海域储备登记管理办法》，通过前期的借鉴与探索，初步形成了海域储备与出让的工作思路，并以晋江滨海新区填海造地工程部分海域作为试点，探索建立海域收储流转制度，逐步将区域佳、开发易、条件好的海域纳入海域资源储备库，海域资源有望实现市场化配置。

6. 烟台东部新区海洋产权交易中心

2015 年 9 月全国首家省级海洋产权交易机构——烟台海洋产权交易中心成立，海洋产权交易中心成立后将发挥几大功能，一是海洋资源要素市场平台功能，实现以海域和海岛使用权、海砂等海洋矿产资源开发权、海洋排污权、海洋知识产权、涉海企业产权和渔船等为核心的各类海洋资源公开、公平、公正、高效市场化配置；二是海洋经济的金融服务平台功能，为各种海洋产权提供记托管、质押融资，发挥服务海洋经济的金融平台作用；三是市场化手段保护海洋权益的功能，通过市场化手段，达到海洋权益确认、流转的目的，使国家海洋权益得到有效保护；四是阳光政务服务平台功能，为政府履行职能提供公开、公平、公正的阳光服务平台，促进经济发展和社会和谐，实现社会公平。

7. 青岛（国际）海洋产权交易中心

2015 年 3 月青岛国际海洋产权交易中心是山东省继烟台海洋产权交易中心之后成立的第二个海洋产权交易中心。该中心为海洋产权提供一个流动及资本进出的平台，这不仅将提高海洋产权交易的透明度和参与率，使"公开、公平、公正、竞争"的原则得到全面体现，而且将充分发挥市场在海域资源配置中的主导作用，利用利益杠杆、市场竞争，使海域资源保值增值和集约高效利用得到最大优化。青岛（国际）海洋产权交易中心主要负责海域和海岛使用权、海洋矿产资源开发权、海洋排污权、海洋知识产权、涉海企业产权（股权）的审核与监督、交易与咨询、海洋科技推广服务、海洋科技中介服务等。

8. 钦州市土地储备中心

钦州市土地储备中心包含了海域海岛收储功能。在其职能定位中明确表述主要职责：

（1）会同市有关部门共同编制年度土地、海域（海岛）储备、土地收储政府采购计划，报市人民政府批准实施；

（2）负责拟定土地、海域（海岛）储备项目实施方案和土地收储政府采购实施方案，报主管部门审核，经市人民政府批准后组织实施；

（3）负责对依法收回可纳入储备的土地，收购、优先购买的土地，已办理农用地转用、土地征收批准手续的土地，旧城改造用地、企业改制用地和国有存量土地及其他依法取得的土地进行调查、统一储备；

（4）负责对我市已确权的闲置海域（海岛）、因规划调整和公共利益等原因需收回的海域（海岛）进行盘活收回储备；

（5）负责申办储备土地、海域（海岛）项目立项、选址，协助储备土地、海域（海岛）拆迁补偿等前期工作；

（6）负责对储备土地、海域（海岛）进行前期开发、保护、管理、临时利用等工作。储备土地、海域（海岛）的前期开发，仅限于与储备宗地、海域（海岛）相关的道路、供水、供电、供气、排水、通讯、照明、绿化、土地平整等基础设施建设。

9. 运行模式评析

目前，无居民海岛收购储备机构设置的模式有三种。第一种是单一结构，海域海岛（无居民海岛）储备机构隶属海洋主管部门；第二种是双结构，海域海岛储备工作领导小组（或海域海岛储备管理委员会）和海域海岛收购储备机构，海域海岛收购储备委员会由政府设立，成员由海洋与渔业、发改、国土资源、农林、规划等部门组成，任务是协调"收购""储备""出让"的政策，海域海岛储备机构一般来说，接受收购储备领导小组或委员会的指导和监督，象山、莆田等地是这种设置。第三种是包含结构，海域海岛储备职能纳入到土地储备之中，作为土地储备中心职能的一部分。考察三种体制，我们认为，单一机构的海域海岛储备制度的运行，由于缺少体制和制度的保障，运行中存在很多困难。双结构的运行比较顺利，但尚需在工作运行上给予制度保障。我们认为，双结构模式比较可取，理想的模式是双结构加制度保证。第三种可以进行土地、海域海岛共同储备、共同交易，能够更好地使用无居民海岛。

部分海域海岛储备决策机构和操作机构见表 10-1。

表 10-1　部分海域海岛储备决策机构和操作机构

城市	决策机构	操作机构	成立时间
宁波象山县	海域海岛储备工作领导小组	海洋产权交易中心，现更名为海洋资源管理中心	2011 年 11 月 4 日
舟山	海域海岛储备工作领导小组	舟山市海域海岛使用权储备交易中心	2013 年 8 月
宁德市蕉城区		宁德市蕉城区海域海岛收储中心	2017 年 10 月
莆田	海域海岛储备工作领导小组	莆田海域海岛储备中心	2013 年 9 月
晋江		晋江市海域储备中心	2013 年
烟台东部新区		烟台东部新区海洋产权交易中心	2015 年 9 月
青岛		青岛（国际）海洋产权交易中心	2015 年 3 月
钦州		钦州市土地储备中心	

资料来源：各地区网站。

（二）无居民海岛收储机构设置的设想

在全市建立起统一的、具有权威的、高效的领导机构和协调机构，组织全市专业性海域海岛储备开发公司，形成"无居民海岛收购、储备、出让"网络系统，使政府直接掌握具有相当容量的海域海岛储备库，使之成为政府规范无居民海岛供应、调控海域海岛出让市场。

1. 成立海域海岛收储决策机构

实施无居民收购、储备、出让机制是一个庞大的系统工程，涉及规划、财政、住建、海洋、国土、环保及各系统、区（县），同时，无居民海岛出让或市场开发往往不单是无居民海岛开发，还涉及海域、岸线以及无居民海岛岛上相关林业、滩涂、无居民海岛等资源，需要一个全市统一的、具有权威性的领导机构，才能对这一个涉及全局的工作提出全面的决策、法规和构想并使之有效贯彻。该机构应对市人大和市政府负责，其具体职责主要是：研究、制订海域海岛（主要指无居民海岛）收购、储备、出让的政策、法规，协调各有关领导部门的关系，落实无居民年海岛收购、储备资金，确定年度收购、储备、出让计划，审查计划执行情况，监控无居民海岛资产的运作。各县区也可以根据需要成立海域海岛收储决策机构。

海域海岛收储决策机构的组成可以有以下几种模式：

一是双层决策模式，即由分管市长（县长）为领导，以海洋与渔业、财政、规划、住建、国资办、国资会等有关主管部门领导为成员组成海域海岛储备委员会或领导工作小组，专门负责对海洋资源行政管理部门难以决策的重大问题进行决策、对海洋资源行政管理部门难以协调的重要关系进行协调，并与海洋资源行政管理部门一起对海域海岛储备机构的日常运作进行领导和监督。这一模式的特点是权威性强，参与面广，能协调解决城市建设、无居民海岛供应中的主要问题，保证无居民海岛收购、储备、出让机制顺利运行。

二是单层决策模式，即不组建独立的决策机构，而由已有的海洋资源行政管理部门负责对海域海岛储备涉及的重大关系进行协调、对海域海岛储备重大事项实施决策。具体由海洋主管部门、财政局、规划局领导为核心，组织市有关领导参加组成。这一模式的特点是有一定的权威性，强调了海洋与渔业、财政、规划部门在建立这一机制中的重要性，能在一定程度上协调有关工作。这一模式在运行中还要注意各部门之间的关系。

海域海岛收储决策机构模式如图 10-2 所示。

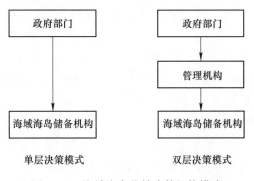

图 10-2　海域海岛收储决策机构模式

在实际运行中，单层决策模式存在很多困难。海域海岛储备工作需要解决大量实质性问题并且涉及海洋与渔业、规划、财政、住建、不动产中心等众多职能部门，比如即使无居民海岛成功收购后也还要向规划部门申请规划指标、向海洋主管部门申请颁发《无居民海岛使用权证书》、向不动产中心申请林权、土地证等，这些都由海洋行政主管管理部门出面与行政级别对等的职能部门交涉，困难重重。因此，许多沿海城市便选择了双层决策模式，纷纷成立专门机构负责领导、协调海域海岛收购、储备、出让所涉及的问题和关系。

2. 建立海域海岛储备中心

市级层面海域海岛储备中心（以下简称"中心"）是接受市政府委托实施无居民海岛收购、储备、出让工作的法定机构，同时，各县（区）相应成立海域海岛储备中心。其主要职责是：

（1）在政府、海域海岛储备工作领导小组（或委员会）的领导下，按照政府有关政策、法规及无居民海岛收购、储备、出让机制运作各不同阶段的实际情况提出贯彻实施意见；调查、研究、分析机制运作中的情况，并及时提出各项建议供领导决策。

（2）根据政府、海域海岛储备工作领导小组（或委员会）制订的计划，协调各区（县）、系统的无居民海岛收购、前期开发以及为配套无居民海岛开发所进行海域、岸线及其他海洋资源收购、储备等各项工作，落实完成全市各年度的无居民海岛收购、储备、出让计划。

（3）建立市统一的海域海岛储备库，负责统计全市各类无居民海岛的储备量并向上级争取各类无居民海岛开发利用的后备资源❶，并根据出让计划，定期向社会公布无居民海岛储备和出让信息，为政府招标、拍卖无居民海岛作前期准备工作。

（4）负责无居民海岛收购、储备、出让各项资金的调度、运作、管理，使之保值增值，扩大盘活，按照市政府的要求继续用于机制的运转。

（5）负责无居民海岛使用权的二级市场转让交易，规范无居民海岛交易市场。

（6）组织、协调市、区（县）海域海岛储备中心及各海洋资源储备公司对收购无居民海岛的前期开发工作，使收购无居民海岛有计划地变成"熟岛"，协助政府规范无居民海岛供应方式。

3. 建立海洋资源储备开发公司

为提升无居民海岛开发价值和储备价值，争取开发的成功率，拟设置市、区（县）两级海洋资源储备开发公司，专门从事无居民海岛前期开发。

❶ 2011年4月12日，国家海洋局向社会公布我国第一批176个可开发利用无居民海岛名录，对后备可开发利用的无居民海岛还需要向上级争取。

市海洋资源储备开发公司受市海域海岛储备中心业务领导，其主要业务由储备中心委托。每个县（区）可成立一个专业性海洋资源储备开发公司，从事无居民海岛前期开发，其开展的项目经批准后纳入无居民海岛收购、储备、出让计划，县（区）海洋资源储备开发公司行政归属区（县）政府主管局领导，业务接受市海洋资源储备开发公司领导；资金以各县区自筹为主，也可与市中心共同投入；在操作中统一政策，统一要求；资金增值部分按出资比例分享，并继续用于无居民海岛收购、储备、出让工作。

（三）机构体系的运作

在无居民海岛收购、储备、出让的机构体系中，海域海岛储备工作领导小组（或海域海岛储备管理委员会是领导机构，海域海岛储备中心是职能机构，海洋资源储备公司是企业单位，实行政、事、企职能分开。

（1）海域海岛储备工作领导小组（或海域海岛储备管理委员会）。它是市政府海域海岛储备体系的决策机构，由分管城市建设的副市长和副秘书长担任领导，成员包括市政府的海洋与渔业、财税、规划、国土资源、农林、发改等职能部门的负责人。其主要职责是：研究制定有关无居民海岛收购、储备和供应的规章制度和政策；审查批准海域海岛储备中心的工作计划和重要的无居民海岛收购、储备和供应项目；协调有关职能部门之间的关系；对海域海岛储备中心的工作进行指导和监管。

（2）海域海岛储备中心。为使无居民海岛收购、储备、出让机制顺利运行，政府应明确海域海岛储备中心对无居民海岛收储、出让的职能任务，赋予其相应的地位和职权，颁布《无居民海岛收购、储备、出让办法》等行政规章，通过法律形式为实施无居民海岛收购、储备、出让机制创造条件和环境。

实施无居民海岛收购、储备、出让机制从一定意义上讲是无居民海岛资产在价值形态和实物形态之间的循环运行，是国有资产保值增值过程，因此政府应进行资金投入和政策支持。首先投入适量资金用以启动，其次投入无居民海岛进行运转，或者赋予海域海岛储备征用职权，再次在无居民海岛使用权使用金中切出一块，建立海域海岛发展基金，用以滚动增值。"中心"海域海岛储备体系的执行机构，所开展的无居民海岛收购、储备、出让业务是在海域海岛储备领导小组或管理委员会的指导下，接受政府委托进行的，也可以说是行政行为的延伸，政策上应视同政府行为。

（3）海洋资源储备公司的运作。市级海洋资源储备公司主要业务是受市海域海岛储备中心委托，进行前期的开发、整理修复；海域、海岛环境整治，并对有经营价值的收回无居民海岛和代征岛进行短期经营、利用，以及为配套无居民海岛开发所进行海域、岸线及其他海洋资源收购、储备开发。无居民海岛经营收益按委托合同规定的要求归海域海岛储备中心。

各区（县）海洋资源储备公司根据"中心"委托，按照市海域海岛储备工作领导小组（或海域海岛储备管理委员会）下达的年度计划开展业务。在具体操作上，区（县）海洋资源储备公司根据本区（县）的年度用（供）地计划和本区规划的要求选择适应的用岛项目，并向"中心"专项报告，经审批后正式列入收购、储备计划，项目用岛收购开发后纳入海域海岛储备库。

（4）市、县（区）两级协调运作。为了调动市、区（县）两级积极性，发挥两级管理的优势，同时也为了树立市政府的权威，强化市政府统一管理全市海域海岛的职能，同时接受省海洋主管部门的领导，更好地形成调控合力，市、区（县）两级应合理分工，互相协调，形成市、区（县）两级管理，构筑市、区（县）两级网络。市海域海岛储备中心、海洋资源储备公司和各县（区）之间要制定切实可行的、合理规范的运作规则，互相协作，避免市场失灵和交易成本过高，逐渐形成业务联系紧密、操作配合默契的网络体系。海域海岛储备中心直接收购储备的海岛，可委托市级海域海岛平台公司进行前期开发，也可委托县（区）海域海岛平台公司，或者市、县（区）联手合作。

三、无居民海岛储备制度运行风险

实施无居民海岛收购储备制度需要有巨大资金的投入，如国内首拍象山大洋屿拍卖价就达到几千万，如此巨大的资金投入，一旦发生变现困难，不仅不能盘活存量无居民海岛资产，而且投入的收购资金也将成为呆账，由此可能对相关的金融机构和城市政府财政产生严重的后果。因此，随着无居民海岛收购储备制度实施的深入，资金风险成为关注的焦点。

（一）无居民海岛运行风险类型

无居民海岛储备的风险，是指无居民海岛储备制度的建立和运行过程由于各种事先无法预料的不确定因素带来的影响，使无居民海岛储备的实际收益与预期收益发生一定偏差，从而有遭受损失和获得额外收益的机会或可能性，或者造成环境与社会等问题的可能性储备风险的正确识别与有效规避，是无居民海岛储备工作实践面临的重要问题，也是无居民海岛储备制度完善亟需解决的关键问题。根据风险的来源及其特征，一般无居民海岛储备有以下几个类型的风险：

（1）经营风险。经营风险是指由于海域海岛储备中心经营上的原因而导致的其经营成果大幅度波动的可能性。从引起经营风险的原因上看，既可能是因为外部市场环境的因素，也可能是因为储备中心经营失误所导致。外部市场环境主要是利率的变化等市场性变化，内部因素主要是收购、前期开发和早期投资、储存、出让阶段都存在一些不确定因素，可能引起运作成本的非预期波动。如在收购时，海域海岛储备机构可能因使存在信息不对称，储备机构对预购海岛的产权归属情况、抵押贷款情况等不明确、不清晰的话，就可能遇到不必要的法律纠纷。在前期开发时，海域海岛储备机构将收购的"生岛"开发为"熟岛"的开发成本过高，造成资产的流失。在生态修复时，如原所有者对海岛生态、岸线破坏比较严重，修复超过了应有的投资额，一定程度上增加了经营风险。

（2）财务风险。财务风险，是指由不同的财务管理方式引起使用贷款到期不能还贷的风险。财务风险随着债务规模及债务占项目投资比重增加，财务风险增大。财务风险的程度也取决于债务的成本和结构，例如，给予贷款人分享财产增值机会以换取较低的每月付款额的贷款，可能具有较低的财务风险。

（3）流动性风险。流动性风险是指投资者在需要出售资产时，面临变现困难及不能在适当或期望的价格上变现的风险。无居民海岛从入库，到整理、开发、储备，最后出库出让，需要一段较长的时间。一旦入库，就要发生资金支出，而出库出让后才能收回资金。由于垫付资金量大、期限长、长短期资金极不匹配等，导致资金的流动性差，流动性风险大。

（4）利率风险。利率风险是指市场利率的调整或变动给土地储备制度运行中的融资成本及土地收益的不利影响。利率的变化将影响到所有投资的价格，无居民海岛收购储备投资都对利率的变动高度敏感，利率的变动直接影响到投资的收益率。首先，利率的上调将增加融资成本，加重储备机构还本付息的压力。其次，利率的调整将通过影响市场平均投资收益率从而影响土地储备的投资收益。由于利息是职能资本家让渡给借贷资本家的一部分利润，从长期看利润又具有平均化趋势，因此当市场利率下调时，社会平均投资收益率也将下调。土地储备作为一种投资类型，也必将受到平均收益率下降的影响。

（5）制度风险。无居民海岛收购储备是政策性很强的经济活动，受到多种政策和法律法规的影响和制约，如金融政策、国家的相关生态保护政策，以及其他管理政策等制度性政策。特别是无居民海岛收购储备制度作为一项创新制度，由于法律上的不确定，导致土地储备在收购过程中可能面临种种障碍，从而大大提高土地储备的收购成本和运作成本。地方政府的过多干预也是制度性风险。

（6）其他风险。其他风险包括失去控制的人为因素或自然本身发生异常所造成的损失，如台风、风蚀、潮蚀、地震、洪水等灾害的发生对无居民海岛收购储备带来损失。城市政府主政者的更替有时也会直接影响无居民海岛收购储备制度的实施。

（二）　无居民海岛收购储备过程的主要风险因素分析❶

从风险源来看，无居民海岛收储风险主要来自三个方面：一是客观条件的不确定性；二是决策信息不充分；三是决策者决策水平的局限性。简单说，运行风险就是由于主客观原因导致预期目标实现的不确定性。对于无居民海岛收购储备过程中的风险，目前普遍关注的是收购储备过程的资金运作风险，诸如巨额资金筹措和管理、储备无居民海岛资产变现及银行还贷等方面。我们认为，无居民海岛收购储备面临最大的风险是法律法规不健全，运行机制和运行模式不规范，运行过程中经营以外的不确定性因素多，行政干预过多。由此导致运行预定目标与实际运行结果的偏差，这种偏差或不确定性就是无居民海岛收购储备过程中的风险。具体表现为：

（1）基础研究落后与收购储备风险。无居民海岛收购储备制度作为中国海域海岛有偿使用制度改革深化的一项创新制度，面临着与其他创新制度同样的问题，即基础理论研究落后于实践。缺乏系统理论指导的实践，只能是摸着石头过河，非理性因素在收购储备过程将发挥相当重要的作用，直接导致运行模式的不规范以及预期目标实现的风险性。无居民海岛收购储备制度自 2011 年宁波象山首次创立以来，国内其他沿海城市都进行了有益尝试。但由于基础理论研究的落后，各城市实施的无居民海岛收购储备制度除了形式上的一致外，在运作模式和实质内容上可谓千差万别，形成了所谓的市场主导型、政府主导型、市场政府或政府市场混合型，不同城市不同的运作模式很大程度上体现的是城市政府领导的偏好，对其科学性、合理性缺乏深入研究。在这样的理论背景下运行的结果，不仅有风险问题，而且对预期的结果完全不可知，运行风险至少可以通过概率分析、模拟分析估计风险的大小。譬方说收购价格的确定，无居民海岛收购过程中可能牵涉到的价格或费用包括无居民海岛价格，岛上附着物补偿费、相关权属利益等，其中无居民海岛价格分两种情况：无居民海岛原用途价格和无居民海岛规划条件或无居民海岛最佳利用条件下的无居民海岛发展权价格。由于对无居民海岛收购价格内涵缺乏科学论证和明确界定，同样市场价格水平和权益的收购宗岛，尽管在最低基准价的基础上，不同城市确定的收购价格水平可能有很大差距。作为城市政府往往希望通过无居民海岛收购将所有的问题都解决，要求将相关费用全数计入无居民海岛收购价格；作为被收购方除要求将上述的所有费用全部计入无居民海岛收购价格，而且将无居民海岛再开发的预期增值也纳入其要价的范围内，由此必然引起收购价格的不确定性，进而影响建立无居民海岛收购储备制度目标的实现也即所谓的风险。

---

❶　本部分借鉴参考了欧阳安蛟、夏积亮等关于土地收购储备过程的主要风险因素分析的部分观点。欧阳安蛟，夏积亮，等 . 中国城市土地收购储备制度：理论与实践［M］. 北京：经济管理出版社，2002.

（2）法律法规不健全与收购储备风险。与基础研究落后类似，立法落后于实践也是中国制度创新普遍面临的问题。目前，中国还没有一部关于无居民海岛收购储备方面的专门法规或规定，无居民海岛收购储备制度实施的合法性依赖相关规定来规范无居民海岛市场解释为社会的公共利益。但无居民海岛收购的性质、收购双方的关系、收购价格的内涵、资金筹措和管理、收购计划制定等无居民海岛收购储备过程面临的一系列重大问题，都没有明确的法律保障。实施无居民海岛收购储备，在涉及多方利益时很难协调，对预期结果无法确定或准确预测，由此将给无居民海岛收购储备运行带来一系列风险，最终的风险即是储备的无居民海岛能否盘活，巨额银行贷款能否偿还。

（3）储备规模与收购储备过程的财务风险。财务风险是由不同的财务管理方式引起使用贷款的风险。从调查来看，大部分沿海城市，政府对无居民海岛收购储备制度实施的支持主要是政策方面的支持。对于资金方面的支持只有很少的启动资金或者完全没有，而无居民海岛收购储备过程所需大量资金基本上来自银行贷款，借贷资金与自有资金的比例趋向无穷大。理论上分析，借贷资金规模大且与自有资金的比例高，一方面可以扩大自有资金的产出，以比较少资金实现比较多的社会经济目标；另一方面也增加了实现其社会经济目标的不确定性及风险水平。具体项目使用借贷资本的有利或不利取决于投资回报率与借贷资金成本之间的利差，在高借贷资金规模和比例的收购储备项目中，即使较小的有利利差可能急剧扩大自有资本的回报率；同样一个小小的不利利差，也会带来自有资本的负回报率和贷款不能归还。由此容易看出，使用高额银行贷款进行无居民海岛收购储备本身就是一项高财务风险的事业。具体分析目前中国实施无居民海岛收购储备的财务风险主要源自以下几个方面：

1）对收购价格、再开发成本及无居民海岛的预期增值缺乏定量分析的技术手段和运行环境，无法对财务进行有效管理，实施有计划的收购、开发、出让，并有针对性地制定筹资和还贷计划。无法在无居民海岛储备量、贷款规模、社会经济目标和时间进程之间建立一种规范可操作性的前瞻性规划，在保证盘活存量无居民海岛等目标实现的基础上，有效地控制无居民海岛储备和贷款规模，减少财务风险。整个的资金运行过程随意性成分比较大，从而导致收购储备过程资金运作的高财务风险。

2）无居民海岛收购储备资金来源主要是商业银行贷款，贷款利率高，期限短，与收购储备资金运用存在时间、期限上不匹配，市场利率变动、资金不到位与归还贷款风险始终伴随收购储备的运行过程。

3）收购的无居民海岛需进行权属补偿、拆迁、基础设施开发配套，在这个过程牵涉到政府及多个相关职能部门，部门协调困难，时间周期无法控制，加之规划条件的不确定性，从而导致储备无居民海岛变现及无居民海岛再开发预期增值风险。

4）无居民海岛收购储备不恰当地承担了过多的社会义务，大大增加了收购储备过程的成本和贷款，给收购储备过程资金运作产生巨大压力和风险。

5）无居民海岛市场是一个动态的市场，由于市场供求关系的变动。可能产生无居民海岛储备规模、贷款规模和还贷周期与无居民海岛市场需求的不确定性，造成收购无居民海岛重新闲置和无力偿还贷款的风险。

四、实行无居民海岛收储制度的配套政策

储备机制是确保无居民海岛有偿使用制度正常运行，垄断无居民海岛出让市场，是无居民海岛管理制度的一种创新。然而，仅有一种机制无法确保该政策的有效运行，还需要建立相关的配套政策，包括无居民海岛的收回、收购以及资金筹集的方法和收益分配等制定相关的规定和政策。

（一）配套政策措施

（1）无居民海岛的收购、收回。收购无居民海岛储备的目的是调节市场和有效利用，现有开发的无居民海岛大多条件比较好、离大岛比较近，开发价值大，对于这些无居民海岛收购具有很高的出让前景，市场需求度和投资效益较好。收回无居民海岛是保持无居民海岛的高效利用和节约集约利用，收回的海岛往往是闲置三年以上或者长期低效利用或者严重破坏海岛生态环境的。

（2）资金筹措政策。无居民海岛储备需要巨额资金。这就需要多渠道的筹措资金，一是政府少量的起动资金；二是金融部门的贷款资金；三是成立无居民海岛储备基金，由无居民海岛使用金中抽出一定资金作为基金进行流动；四是从储备无居民海岛的出让利润中提留一部分作为收储的资金。从各地开展的情况看，资金筹措是一个难题，也是制约发展的重要环节。完善资金政策，建立合理的资金筹措和运作机制是实施无居民海岛储备工作的关键环节。

（3）价值评估政策。根据海洋资源市场化配置需要，结合海域海岛使用权出让和流转的相关程序和实际需求，制订海域海岛基准价格，建立评估、测量等相关技术咨询服务机构（未建立之前，实际操作过程中可委托省内海域海岛评估单位、无居民海岛测量单位等作为替代），健全与金融机构的合作机制，充分保障海洋资源储备、出让和流转的顺畅运作。

（4）规划优先政策。规划是无居民海岛利用的基本依据。为了理顺规划管理与无居民海岛管理的关系，海洋规划、海岛总体规划、单岛规划在无居民海岛储备体系运作中居于指导地位。海域海岛储备中心在实施无居民海岛收购和无居民海岛招商之前，要向规划部门和海洋行政主管部门征求该岛的规划意见。

（5）净岛出让政策。在储备无居民海岛预出让或招标、拍卖出让前，海域

海岛储备中心凭宗海图或地形图的规划红线和无居民海岛收购合同向住建部门申领房屋拆迁许可，进行储备无居民海岛地上建筑物及附属物的拆迁工作，向林业部门申请林权证注销和补偿，向国土部门申请矿产资源的补偿，以及其他滩涂、沙场等利益关系，统一组织拆迁和无居民海岛平整、生态修复，实行净岛出让。这就减化了原先领取拆迁许可证的手续和环节，节约了前期开发的时间和成本，对开发商十分有利。

（二）可行操作措施

（1）熟岛出让措施。规定凡推向市场出让的无居民海岛，储备中心按照规划的要求进行前期开发和生态修复的，应公布用岛的指标和规划的要求。为了使得开发商不至于出现政府不能供岛或者供岛无法开发造成闲置，不至于出现补偿、供水供电等问题，造成开发商不能进行开发利用，所以熟岛出让是前提条件。另一方面，不是熟岛出让，不论政府还是受让者，在成本的核算上都存在着盲目性，很难预测前期开发的真正价格，进而难以得出无居民海岛的价格。

（2）多样储备措施。无居民海岛的储备在起步阶段应是根据市场的状况和资金条件，适度从紧，然后逐步放开、全面进行储备。无居民海岛储备有三种形式：一是实物储备，指政府收回、收购、征用无居民海岛储备。二是信息储备，对于不急于收购储备或受财力限制一时无力进行资金收购的海岛进行信息储备。两种形式的收储应根据市场和资金情况适时地转换，逐步转为实物储备。

（3）综合资源储备。无居民海岛单独储备往往难以发挥其使用价值，必须做好无居民海岛与土地、海域、岸线等资源综合储备，因此，必须建立一个统一协调机构，建议成立自然资源储备中心，统一协调各种资源，最大程度发挥无居民海岛价值，有效促进无居民海岛有偿使用。

（4）合作协调措施。无居民海岛储备涉及很多部门，存在着前期开发单位的资信、项目的计划立项以及确定相关的规划控制指标等问题，同时也涉及拆迁补偿、建筑审批等程序问题，这些问题有的不能按照常规的程序来办理，有的在行政法规中还是空白。因此，政府必须制定必要的措施，使相关部门能够合作协调，并有章可循。所以，需要建立协调机制，组建统筹协调机构，如海域海岛储备领导小组或海域海岛储备委员会，这些机构往往由所在城市的市领导担任，各部门主要负责人参加，便于协调核心利益，避免各自为政。

第十一章
无居民海岛收储制度的建构与完善

从目前的情况来看，无居民海岛储备制度在福建、浙江、广东、山东等省份的沿海城市已经初步建立起来，但还处于不断摸索的阶段。从部分实施的效果来看，大多处于裹足不前的地步，其原因十分复杂，既有生态环境严控的原因，也有对收储制度的法律、经营等方面没有理清思路。根据国内外对无居民海岛储备制度的深入研究和实践经验，并结合本研究探讨的内容，对无居民海岛储备制度提出一些思考与建议，供有关方面参考，以期推动无居民海岛储备制度的不断完善和发展。

一、确立政府在海域海岛储备运行中的主体地位

在海域海岛储备中作为主体者的政府，应该如何发挥作为，政府在储备运行中又承担着哪些责任，明确这些问题是推动无居民海岛储备制度健康发展的前提。明确政府的地位的本质是界定无居民海岛所有权、无居民海岛管理权以及无居民海岛经营权的范畴，政府应有效处理好三个角色的关系。

（一）做好管理和服务是政府开展收储工作的重点

在实施无居民海岛储备经营的过程中，政府要扮演好正确的角色。一方面，政府要担当起管理的角色，切实管理好无居民海岛资产，实现无居民海岛资源优化配置；另一方面，政府要担当起服务的角色，切实完善无居民海岛有偿使用的相关法规，促进无居民海岛市场化有序运作。政府行为追求社会公平，要求实现无居民海岛开发中经济效益、社会效益和生态效益的高度统一及最大化，而市场行为要求提高资源配置效率，追求利润的最大化。海域海岛储备机构相互矛盾的角色，使得在目前缺乏制度和法律法规保障和规范的条件下，很难找到政府行为与市场行为的最佳衔接点，使无居民海岛资产管理与运营难以健康发展，也对无居民海岛储备的发展带来了诸多困难。因此，当前无居民海岛储备经营中最为迫切的任务是，按照无居民海岛所有权、无居民海岛管理权和无居民海岛经营权三权分离的原则构建新型的无居民海岛储备经营组织保障体系。同时，政府要切实担当起管理和服务的双重角色，形成良好的无居民海岛资源管理体系和无居民海

岛经营服务平台。

从目前的情况来看，无居民海岛储备机构的主要职责是：（1）根据海岛利用总体规划和无居民海岛市场需求，制定无居民海岛储备计划，适时储备无居民海岛；（2）政府依法收回的违法用岛、闲置三年以上用岛和闲散的无居民海岛，并纳入无居民海岛储备体系；（3）对储备的无居民海岛进行拆迁、整理、生态修复和出让前的合理利用；（4）对储备的无居民海岛组织预出让；（5）筹集、运作和管理无居民海岛收购、储备和预出让资金。

可见，无居民海岛储备机构在无居民海岛储备运行中的双重角色十分明显：一是经过政府授权而行使部分政府行为的角色，即无居民海岛管理权，如代表政府制定储备计划，并根据海岛利用总体规划和海洋功能区规划，收购无居民海岛等；二是根据市场经济规律行使企业行为的角色，即无居民海岛经营权，如根据无居民海岛市场的需求适时储备经营出让无居民海岛，以及按照现代企业制度的要求筹集、运作和管理无居民海岛收购、储备和预出让资金等。通过这两种角色的充分发挥，可以有效达到无居民海岛资源优化配置和无居民海岛资产收益最大化的综合效应，产生最佳的综合效果。

（二）政府主动承担运营好无居民海岛的重任

无居民海岛收购储备制度在完善无居民海岛出让市场、增加财政收入等方面都具有十分重要的作用，但无居民海岛收购储备制度的运作，涉及诸多部门，例如海洋管理、财政、规划、自然资源、不动产中心、住建等，没有这些部门的协调与配合，就难以保障无居民海岛储备制度的成功运作。同时，无居民海岛牵涉到定位、规划、发展战略、功能布局等诸多方面，必须充分考虑经济、社会和生态的可持续发展。从这个意义上讲，政府就要承担起运营商的重任，切实经营好，切实管理好，切实发展好。

首先，加强政府部门之间的协作，降低政府部门对无居民海岛储备运作的负面干预，增加对无居民海岛储备运作的正面配合，降低无居民海岛储备运作中的成本，使政府获得最佳的经济效益和社会效益。比如，建立详细的责任体系，把无居民海岛储备运作中的各个方面直接分解到各个部门，列入部门年度工作目标，接受人大和公众监督制订科学的无居民海岛收购储备和供应计划，并要切实实施，使无居民海岛收购储备与整个发展计划、用岛计划、资金筹措计划等有机结合起来，正确处理好地方经济发展和无居民海岛储备与供应的关系等。

其次，加强对规划的编制研究和实施工作，进一步发挥规划对无居民海岛利用的调控作用。在市场经济条件下，控制无居民海岛利用的手段是海岛利用总体规划和海洋主体功能区规划、城市规划，而无居民海岛利用总体规划和海洋功能区规划的水平，直接影响到无居民海岛的管理水平、无居民海岛利用效率、环境的改善、功能的完善。从目前的情况来看，规划中存在的主要问题有：（1）无居民海岛利用总体规划和海洋功能区规划的水平不高，影响了发展；（2）市县政府对规划的重视不够，编制规划没有充分论证和听取各方面意见，规划缺乏科学性和严肃性；（3）执行规划不力，没有把规划作为控制无居民海岛使用的强制性手段，不按规划办事，任意改变规划用途等还时有发生。因此，市县政府必须重视规划的编制和实施，真正发挥规划对无居民海岛利用的控制作用。

再次，要加强对无居民海岛资源基础调查。这是储备前提，也是收购基础，更是开展使用权价值评估的保障，更是对海岛资产"家底"的清查工作。政府要做好无居民海岛自然资源和生态系统的现状调查，掌握海岛周边区域地形地貌、摸清生态环境及重点海岛保护现状、储备无居民海岛空间资源数据。通过对无居民海岛地形地貌测量、勘探、第三方复核、影像制作、生态环境资料收集等方面的调查程序对海岛面积、岛上林业资源、矿产资源、土地资源、滩涂资源、淡水资源等资源进行调查以及对附属的权属关系做好登记核实工作。政府也要推动无居民海岛资源信息化建设工作，建议政府建立无居民海岛资源的信息储备库，一旦有出让海岛可立刻提取相关信息。

不管采取什么手段，政府都要以负责任的态度来进行无居民海岛储备经营，主动承担起运营商的重任，科学进行无居民海岛资产市场化经营，不断优化功能布局，为子孙造福，为后代留鉴，讲求长期效果，促进可持续发展。

总之，明确政府在无居民海岛储备经营中的地位是重要的前提条件。在社会主义市场经济条件下，政府既要义不容辞地担当起管理和服务的双重角色，更要以负责任的态度承担起运营商的重任，把无居民海岛储备和经营有机地结合起来，不断提高品位，不断提升形象。

二、建立无居民海岛收储机制的法律支撑条件

从民法的角度看，需要着力解决无居民海岛的相关法律问题，也就是法律的确权和收储的保障机制问题。因此，需要回答好三个问题：一是谁是无居民海岛的所有人；二是无居民海岛是不是商品、可不可以交换；三是如何界定无居民海岛作为商品交换的规范原则。在这个基础上，必须要有合理共享的理念，不但要充分借鉴国际经验，关键还要综合运用多种手段对无居民海岛资源的使用进行调节，最后达到无居民海岛可持续利用的目的。我国的无居民海岛储备制度涉及了无居民海岛取得、前期开发、后期管理直至供应一系列的环节。虽然在实践中无居民海岛储备制度引起了很多问题，但是我们应当认识到无居民海岛储备制度的作用，建立一整套有助于无居民海岛收储机制运营的法律支撑体系。

（一）明确无居民海岛储备行为的法律性质

关于无居民海岛储备行为的法律性质，目前尚无定论，可谓莫衷一是。这种

争议虽然在一定程度上为我们更好地辨明问题的真相提供了有利的条件，但也给实践工作带来了不必要的麻烦。我们认为主要有以下两种行为：

第一，民事行为。储备行为是市场经济条件下的"自由买卖关系"，政府及其授权委托的海域海岛储备机构与储备相对人是平等的经济主体，是否进行储备及储备无居民海岛的价格均由双方在自愿、公平、有偿的基础上，根据市场状况自由协商决定。因此，海洋资源相关职能部门或其授权的海域海岛储备机构在实施无居民海岛储备的活动中，仅会为追逐单位自身效益最大化而操作，难以实现无居民海岛储备工作希望达到的规范无居民海岛市场、宏观调控无居民海岛经济的社会目标。

第二，行政行为。在无居民海岛储备的具体操作过程中，政府或其授权的海域海岛储备机构的储备行为是一种行政法律行为，而被储备无居民海岛的原收益人即为行政相对人。行政行为说具体又可分为两类：一类认为无居民海岛储备关系对双方当事人是"权利和义务"关系，政府海洋行政管理部门或其授权的无居民海岛储备机构的储备是一种行政行为，政府或授权机构进行无居民海岛储备是其权利，而无居民海岛储备的相对人有义务出让其无居民海岛。同时，无居民海岛的储备价格也不必遵循市场上的等价有偿原则，可以由相关部门按照规定予以补偿。只有通过这样，才能实现实施无居民海岛储备制度所期望的社会经济目标。此类学说不符合现代经济体制要求，与我国利用市场为主、政府宏观引导的资源配置方式相悖。另一类，认为属于无居民海岛储备双方当事人之间属于"强制性买卖"关系。政府及其授权的无居民海岛储备机构具有绝对的主动权，对于储备无居民海岛只要其认为有必要都可以进行收购储备。无居民海岛储备与否以及无居民海岛储备规模、补偿标准都由无居民海岛储备机构自主决定，储备的目标无居民海岛的原使用者对储备结果只能接受，不能拒绝。

综上所述，无居民海岛储备行为从本质上讲应当属经济法律行为，是民事经济属性和行政法律性质的合体。因为，政府通过无居民海岛储备机构对无居民海岛储备进行操作的过程，其目标是为实现政府对无居民海岛市场的宏观调控和控制管理职能。无居民海岛储备过程从表面看是政府的委托授权机构从事的民事法律行为，是其职权，但是从本质上看，政府更多的是利用无居民海岛储备机构来实现其调控无居民海岛市场的行政管理职责。无居民海岛收购储备行为是政府的职权与职责的有机统一。

因此，明确无居民海岛收购储备行为的经济法律属性，不但可以提高政府对无居民海岛市场的宏观调控能力，使政府各部门更好的将经济职权与经济职责结合在一起，而且可以有助于我国无居民海岛收购储备制度的长足发展。

（二）建立健全法律法规体系

完善的无居民海岛储备法律法规制度是保障无居民海岛有效出让、流转的重要手段。但是纵观我国相关法律制度的规定，我们可以看出，无居民海岛储备制度法律依据不是很充分。例如，第一，无居民海岛的所有权和使用权的内涵没有明确的界定；第二，政府在规范无居民海岛市场上缺乏具体的操作细则；第三，我国法律制度缺乏对无居民海岛储备机构的定位、相关资金的筹集等方面的具体规定。因此，为使我国无居民海岛储备有法可依，须尽快完善无居民海岛储备方面的法律法规。

为此，必须加快建立健全无居民海岛法律法规，从国家层面出台《无居民海岛储备管理办法》，对无居民海岛储备的含义及性质、储备方式、出让规则、补偿原则等做出详细的规定，并有具体的操作细节。与此同时，政府应当根据无居民海岛有偿使用的目的，加强梳理目前涉及无居民海岛储备的各部门的部门规章和地方性法规的清理工作，以避免各自为政。其二，加快制定全国性的无居民海岛价格评估规程、无居民海岛市场操作规程、无居民海岛管理办法等方面的具体规定。

（三）完善我国无居民海岛储备制度的其他措施和手段

强化政府对无居民海岛的集中统一管理。我国的各种无居民海岛供应必须由当地政府海洋行政管理部门统一管理、统一供应。第一，对于法前划拨供应的无居民海岛改变为经营性海岛的，要由政府海洋行政管理部门了统一实行招、拍、挂出让；第二，对司法裁决的无居民海岛的拍卖等一定要进入到无居民海岛有形市场交易中去。第三，在制定无居民海岛储备和供应计划时，储备机构一定要按照城市总体规划和无居民海岛总体利用规划制定，同时监督开发商的工作，使其按照既利于开发商也利于居民和社会的利益的原则进行基础设施项目的开发。

建立无居民海岛储备监督机制。在无居民海岛储备政策上，相关职能部门往往既是裁判员又是运动员，这种双重身份对政策制定来说有很大的弊端。由于这种特殊关系，地方政府可能会为了增加自己的政绩，实现经济发展的目标，无序开发无居民海岛，造成海岛生态破坏。因此，建立对地方政府的无居民海岛储备工作的监督机制是必要的也是落实政府执政为民、保护生态环境的需要。因此，地方政府在履行政策制定和执行职能时，还应当要加强对自身的监督，这包括：第一，建立内部控制核查机制，以便加强对项目用岛的选址和用途是否符合海岛利用总体规划以及城市建设规划的要求的监控；第二，建立外部控制核查机制，对开发商的建设项目进行监控，监督其是否按照批准的用途、批准的数目进行建设，对无居民海岛价格的合理性等进行监控。第三，实行无居民海岛储备重大项目听证制度和专家咨询评估制度，听取公众、第三方、媒体等对无居民海岛出让的意见，资源利用程度等，做到科学用岛、合理用岛。

确定合理的储备无居民海岛补偿标准。无居民海岛储备制度长期良性发展的一个重要影响因素就是合理的无居民海岛补偿标准。因此，我们应当重视无居民海岛补偿标准。在制定无居民海岛补偿标准时，首先，应当同时综合考虑无居民海岛等级、类型、用途和开发利用方式以及无居民海岛的产权等因素。这是因为无居民海岛补偿的实质是补偿无居民海岛产权，要想补偿标准做到充分合理，应当考虑上述因素，与无居民海岛使用者对该宗无居民海岛利益的理解一致。其次，在无居民海岛补偿的标准上，应当根据不同情况考虑到无居民海岛在储备前后的增值问题。凡是由于经济发展涉及政府和社会大众而导致的无居民海岛增值部分应属于政府或社会公众，不能划归到无居民海岛补偿的范围内；凡是无居民海岛使用权人对无居民海岛开发的投入，如资金和劳动力等，导致的无居民海岛增值，则应当划入补偿范围。

三、完善无居民海岛产权制度

一般地，无居民海岛的产权经营可以分为两个层次：一是以无居民海岛使用权出让为主的层次；二是无居民海岛使用权转让、出租以及抵押过程中获得收益的层次。其中，无居民海岛使用权出让经营是指国家以无居民海岛所有者身份，将无居民海岛使用权在一定年限内让与无居民海岛使用者，由无居民海岛使用者一次性向国家支付无居民海岛使用权使用金的行为。这是无居民海岛产权的纵向流通，其实质是无居民海岛所有权与使用权分离，是国家与无居民海岛使用者之间发生的无居民海岛使用权有偿出让的关系。从目前的情况来看，我国的无居民海岛产权制度还需要进一步完善，一方面要明确无居民海岛产权的相关归属，另一方面要规范无居民海岛产权的收益分配。

（一）明确无居民海岛产权的相关归属

一般地，无居民海岛产权包括三个方面：无居民海岛所有权、无居民海岛管理权和无居民海岛经营权。随着改革向市场化推进，使原来国家和集体所有的公有制形式开始逐步转向多种经济成分共存的公有制形式，国有企业依附于政府的地位也发生了根本的变化。在新的无居民海岛经济关系形成的过程中，必然要求进一步明确无居民海岛产权的相关归属，确保无居民海岛资源开发和无居民海岛资产经营的连续性和长期性。所谓无居民海岛所有权，是指国家作为无居民海岛所有人对无居民海岛的直接管领和支配并排除他人非法干涉的权利。无居民海岛所有权作为一种法律财产权利关系，其内容包括权利主体享有的权利和义务，具体包含所有权人依法享有的对无居民海岛的占有、使用、收益和处分等四项权能。国家作为所有权人可以自行行使无居民海岛所有权的各项权能，也可以将其中的一部分权能让渡给他人行使，在实践中所有权权能的分离行使是一种普遍现象。所谓无居民海岛管理权，是指国家基于政治权力或治权对于国家疆域范围内的所有无居民海岛的一种统辖权和监管权，无居民海岛管理权的行使不以国家对无居民海岛的财产权利关系为前提，对于国家领域内的无居民海岛均有管理权。无居民海岛管理权以无居民海岛利用管理为核心内容，是政府管理权力的一个重要组成部分，只能由专门的政府职能机关来行使，是不可转移和让渡的。所谓无居民海岛经营权，是指国家为了公共建设的需要对无居民海岛进行征用、对无居民海岛进行购买而取得的使用权。对于无居民海岛经营权，既可以属于政府，也可以属于企业，但政府以公共利益为目的，企业以追求赢利为目的。科学界定无居民海岛经营权内涵是合理分配无居民海岛收益的基础，而要合理分配政府和企业之间的无居民海岛收益，关键在于准确界定无居民海岛经营权的内涵，并在此基础上明确对原无居民海岛经营者补偿的性质、补偿依据、如何补偿等。无居民海岛经营权可以在法律允许的条件下进行转让，但必须服从政府的管理和调控。

（二）规范无居民海岛产权的收益分配

在社会主义市场经济条件下，无居民海岛是重要的资产，也是宝贵的资源。通过无居民海岛市场化运作，无居民海岛产权能够获得巨大的收益，这就涉及无居民海岛产权的收益分配问题。随着社会主义市场经济体制的不断完善，必然要求对已打破的原有利益格局进行重新调整。由于现行无居民海岛产权制度的不完善，形成了地方政府与中央政府之间的经济博弈。与此同时，也具备了寻租的外在条件，易引发政府官员的权力寻租。为此，应该进一步规范无居民海岛产权的收益分配，加强地方政府与中央政府之间的利益协调，以更好地繁荣无居民海岛市场。

2010 年，财政部、国家海洋局颁发了《无居民海岛使用金征收使用管理办法》，规定无居民海岛出让收益留给地方政府，用作建设和无居民海岛开发费用，其余按二八分成。但对地方部门，国家没有明确规定，各地方也没有明确划定剩余 80% 的比例分配，这在很大程度上扰乱了收益分配，不利于无居民海岛收储，也不利于无居民海岛生态保护。因此，应该尽快规范无居民海岛产权的收益分配，理顺地方政府与中央政府之间的利益关系，明确无居民海岛收益中哪些是属于政府的收益，哪些是属于投资人的收益，摆正政府在无居民海岛储备中的作用，认清在市场经济条件下政府的角色，是裁判员，而不是运动员。因此，必须制定明确的收入分配体系，尤其是 80% 的地方分配关系，确立省市县三级的分配和正常的储备开支。

四、建立科学合理的无居民海岛收储价格机制

通常地，储备无居民海岛价格直接影响到无居民海岛所有权人、无居民海岛

使用权人、无居民海岛储备机构、社会公众等四方主体各自的利益，因而储备无居民海岛的价格应当确保各方利益的均衡，以实现无居民海岛储备经营的可持续发展。从某种意义上讲，储备无居民海岛价格是无居民海岛储备经营中有关各方利益分配的调节器，是无居民海岛储备制度目标实现程度的标尺。只有建立公正高效的无居民海岛价格机制，才能有效调节有关各方的利益分配，取得互惠互利的效果。

（一）建立兼顾各主体利益的无居民海岛收储价格

（1）从无居民海岛所有权人角度。在我国，无居民海岛作为国有资产，国家是主体地位的。如果在无居民海岛收储中进行反映，那就是企业或个人不是征用无居民海岛补偿的受益人，不能参加无居民海岛补偿价格的确定过程。给各地方往往套用相关的林地、土地、滩涂、矿产等一般标准，或低于一般标准作为补偿标准。因此，应该从如下方面解决上述问题：1）从法律上赋予企业或个人作为相关方的地位；2）无居民海岛征用、征收制度，让企业或个人以无居民海岛使用人地位参与无居民海岛补偿价格的确定过程；3）企业或个人作为受害方，从弱势群体的角度出发，考虑制订最低补偿的指导价或协商价。

（2）从无居民海岛使用权人角度。在无居民海岛储备经营中，无居民海岛使用人有两个：一个是原无居民海岛使用权人，其利益与储备无居民海岛的收购价格密切相关；一个是未来的无居民海岛使用权人，其利益则与储备无居民海岛供应价格相关。

一是从原无居民海岛使用权人的角度分析，关系无居民海岛收购价格的有无居民海岛所有权、使用权、供应权和发展权。第一，无居民海岛使用权是无居民海岛使用人按照无居民海岛出让合同或历史上的相关文件的规定使用无居民海岛，并获得无居民海岛使用或投入回报的权利，因此无居民海岛收购价格中应包含无居民海岛使用权价格。第二，无居民海岛供应权包括无居民海岛出让、转让、出租、抵押等的权利。对于申请审批无居民海岛使用权，无居民海岛收购价格中不应包含供应权收益对于出让无居民海岛，无居民海岛使用者拥有不完全的供应权，因此在收购价格中应包含出让合同中明确的相应的无居民海岛供应权收益。第三，无居民海岛发展权是指因无居民海岛规划调整而获得的最优利用条件下的权益，无居民海岛发展权收益应归政府所有，无居民海岛收购补偿不应包含无居民海岛发展权收益。

二是从未来无居民海岛使用权人的角度分析，则应结合未来使用权人的性质考虑不同的无居民海岛供应方式和无居民海岛供应价格。第一，公共利益用岛，则应为申请审批用岛；第二，国有企业用岛，则可从推动国企改革深入的角度，考虑年租制；第三，如为旅游、工业等经营性项目用岛，则应采用招标、挂牌出售、拍卖等方式供岛。无论采用哪种方式供岛，均应避免无居民海岛价格上涨过快，充分发挥无居民海岛储备作为"底价调节器"的作用，将无居民海岛价格维持在合理的水平。

（3）从无居民海岛储备机构角度。根据我国各地无居民海岛储备的规定，海域海岛储备机构基本上属于事业单位，不以盈利为目的。从这个意义上讲，无居民海岛储备所需的费用由财政解决。显然，储备无居民海岛的价格影响到无居民海岛储备机构的利益，要从实现海域海岛储备机构的可持续发展角度确定储备无居民海岛的价格。

（二）控制无居民海岛收储成本

无居民海岛收储包含了无居民海岛现状调查、权属登记、宗海制图、收购等多项工作，涉及海洋与渔业、财政、自然资源、规划、银行、海域海岛收储机构等多个部门。但在具体操作过程中，各部门之间不能有效沟通，容易导致储备计划与储备无居民海岛用款之间的偏差，无居民海岛储备资金贷而不用，造成大量的财务浪费。因此，笔者认为开展无居民海岛收储工作必须加强各部门之间的协调，应做到以下三点：第一，政府各部门之间应建立信息共享机制，保证信息的及时传递，注重工作的协调配合，切实降低收储工作的前期费用；第二，海域海岛储备机构和银行之间应建立相应的信贷融资体系，保障无居民海岛使用金能及时偿还抵押贷款，减少收储成本中的财务费用；第三，政府部门应加强对收储融资贷款的监管，从根源上减少资金的浪费，提高收储资金的使用效率。

（三）制定无居民海岛收储指导价格

无居民海岛收储工作的核心是无居民海岛收储价格的确定问题。目前，我国建立无居民海岛使用金最低标准，并及时性调整使用金最低标准。然而，在无居民海岛储备制度实施过程中，尚缺少相应的价格指导，海域海岛储备机构对于收储成本未能形成全面的认识，导致实际发生成本远远超过预期，从而增加了机构自身的运营风险。同时，无居民海岛收储指导价格也是深化管理无居民海岛收储机构的关键指标，无居民海岛收储指导价格的制定势在必行。各地方政府应根据城市经济发展状况和无居民海岛市场运行状况，制定科学合理的无居民海岛收储指导价格，做到"一岛一价"。此外，政府可以根据无居民海岛收储指导价格，对收储成本进行审核，避免储备机构随意抬高收储成本，确保政府收益。

五、加强无居民海岛储备风险控制

无居民海岛储备前期涉及无居民海岛收购和整理，无居民海岛收购涉及拆迁补偿和相关权属收回等诸多具体事项，必须先行投入大量资金；无居民海岛整理涉及水、电、交通、排水排污、土地整理等诸多配套建设，同样要求投入大量资金。由于无居民海岛储备牵涉的资金量大，资金链也较长，因而必须做好风险控制。从目前的情况来看，应该努力探索一条社会化的资金筹措机制，改变单纯凭借银行贷款来筹措资金的做法，以分散风险。尝试建立无居民海岛基金、实施无居民海岛债券等，吸收社会资金共同参与无居民海岛储备运营，建立一种风险共担、利益共享的资金运作机制。彻底改变单纯依靠银行所形成的资金数额有限、周期短、利率高、风险不共担的情况，逐步形成科学合理的资金支持体系和风险防范机制。

（一）建立完善的无居民海岛储备资金支持体系

根据中国的国情和地方财政情况，未来海域海岛收购储备机构的储备资金可能主要来源于财政拨付周转金和银行抵押贷款，建议财政周转金拨款主要在无居民海岛有偿使用基金中予以安排。目前，我国对无居民海岛使用金采用中央与地方 2∶8 分成，80%中主要用于海岛管理与保护，这对于储备制度运行是不利的，应该建立一套一般的完善的无居民海岛储备资金支持体系。收购储备无居民海岛出让后，从成交价中扣除补偿费、业务费、贷款利息、海岛开发整理费、其他开发成本和海岛储备金，其余部分才可能上缴财政。财政再将收购储备的无居民海岛出让后增值纯收益的一定比例拨付无居民海岛储备机构，用于无居民海岛收购储备周转金拨款。

目前，各地应尽快建立无居民海岛储备经营制度，无居民海岛储备经营资金来源主要为政府初期启动资金、商业银行贷款和无居民海岛储备经营基金三部分。从地方财政和实际应用角度出发，无居民海岛储备收购资金主要来自于银行借款，基本上占到收购资金的一半，这种状况既限制了无居民海岛储备的规模，也影响了无居民海岛储备制度功能的正常发挥，更加大了无居民海岛储备经营的风险。可以说，寻找强有力的资金支持，拓宽无居民海岛储备资金渠道，创新无居民海岛储备融资模式已成为我国各无居民海岛储备持续健康发展的当务之急。

海域海岛储备资金支持体系如图 11-1 所示。

从图 11-1 可以看出，合理开拓资金来源并实现资金的良性循环是无居民海岛储备工作可持续发展的基础。财力雄厚的政府，可以将无居民海岛储备列入财政支出的经常性项目，实行高度垄断的无居民海岛收购方案。但我国目前绝大部分都不具备这样的条件，需要政府和金融机构携手创建无居民海岛储备基金。无居民海岛储备基金的资金来源包括：一是政府财政拨款形成的启动资金，二是政策性银行贷款，三是商业银行贷款，四是政府性基金，五是其他资金，包括各种

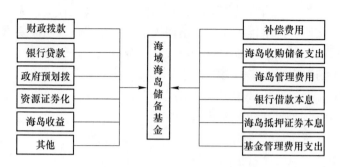

图 11-1 海域海岛储备资金支持体系

公共基金、社会资金，六是经过无居民海岛收购、储备、整理、供应后形成的资金积累。

（二）建立完善的无居民海岛储备风险防范机制

在实施无居民海岛储备的过程中，必然存在各种各样的运行风险，因而必须建立一整套行之有效的风险防范机制，进行风险控制，应该减少行政干预和人为因素的干扰，建立由专家、政府官员等组成的咨询决策机构，对无居民海岛储备的中长期目标进行规划，对近期目标进行监控，对重大事项进行听证，建立一整套以目标考核为基础的评价体系，既能让海域海岛储备实施机构按照市场经济规律进行运作，又能保证其按照政府实际要求及其环保要求进行运作，还能切实维护投资人的利益。同时，要建立收储风险的责任承担机制，明确各种责任的承担机构和防范方式。一般地，无居民海岛储备风险主要包括三个方面政策风险、金融风险、经营风险。

1. 政策风险防范机制

提高无居民海岛储备的法律地位、建立健全无居民海岛储备的法律体系，是无居民海岛储备制度健康发展的基础。如果无居民海岛储备制度的法律依据仅仅停留在政府规章这一层面上，难免出现与其他法律法规衔接时产生冲突的现象，还会出现因政府领导的变动而产生制度连续性问题，这将增加无居民海岛储备经营的运作成本和运行风险。无居民海岛储备制度顺应政府和市场需求而存在，也将随着宏观经济环境和实际运作情况而不断调整。要防范因为宏观政策变动而带来的风险，就应该做好以下三点：

（1）在无居民海岛储备实际操作中不断总结经验，建立无居民海岛储备政策；

（2）建立自然资源的综合性常设机构，对无居民海岛相关资料（如海域、航道、岸线等）进行综合储备，确保开发的成功率；

（3）按照市场机制合理进行无居民海岛储备运作，确保无居民海岛储备的资金投入和收益。

2. 金融风险防范机制

无居民海岛储备的过程具备资金集结量大这个显著特点，在土地储备过程中，一些地方大量储备土地，而投放市场的土地速度较慢，很大程度上导致储备成本和维护成本上升，这对储备机构和政府都是不小的压力。因此，在无居民海岛储备过程中必须高度重视流转不畅时的融资风险，因为流转不畅会导致无居民海岛直接成本和管理成本的成倍上涨，进而直接把无居民海岛储备工作推向恶性循环的境地。在资金短缺期间，单纯依靠政府或银行贷款来解决无居民海岛储备所需资金是不现实的，需要多渠道筹措资金。应当结合无居民海岛储备运作周期长、资金需求多、受宏观经济环境影响程度显著的特点，构建社会化和市场化的无居民海岛储备资金支持体系，如建立无居民海岛基金、实施无居民海岛证券化等，吸收社会资金共同参与无居民海岛储备运营，建立一种风险共担、利益共享的资金运作机制。要防范因为资金筹措困难而带来的风险，就应该做好以下三点：

（1）健全相关政策，为无居民海岛储备资金安全运营提供保障；

（2）拓宽融资渠道，减轻信贷资金压力；

（3）制定近期和中远期无居民海岛储备个数、面积和储备方式，合理确定资金规模。

3. 经营风险防范机制

经营风险中外部风险有时候很难控制，但是我们可以对风险进行转移或者分担。根据收益、风险对等原则，高收益对应高风险，低收益对应低风险。不同的储备方式对储备所需资金的要求不同，带来的收益不同。通过征用方式纳入海域海岛储备库，然后由海域海岛储备中心进行前期的产权处置、拆迁和开发整理，符合出让所需的规划条件后再择机出让。虽然这种方式的收益最高，但是所需的资金也最大，承担的风险也最高。而置换方式所带来的收益虽然相对较低，但是所需资金也较少，承担风险也较低。因此，通过采取多样的无居民海岛储备可以有效分担风险。

为了避免预出让的不足，海域海岛储备中心可以和某一经济实体达成这样一种合作，即海域海岛储备中心以岛屿作为合作条件，而该经济实体以资金作为合作条件。海域海岛储备中心利用该实体的合作资金征购海岛并进行出让前的前期开发，而后将净岛招标或拍卖。该合作经济实体不一定是中标者。这样既可融得资金，又可避免预出让的不足。海域海岛储备中心也可和城市城投公司合作进行前期开发，借助城投公司的资金、人员、设备和管理经验，完成已让购岛屿的前期开发和生态修复工作，这样可以节约储备成本。但要通过合作开发筹集资金，开发无居民海岛必须具有较短的开发周期，而且无居民海岛用途明确，开发后的岛屿价值提升了。同时，储备中心和合作实体实行利益共享、风险共担共同合作征购、开发整理，由海域海岛储备中心进行出让，出让金首先支付征购、整理和储备过程中的成本。如果亏损，双方根据合作协议共同承担亏损。

参 考 文 献

[1] 程功舜. 无居民海岛使用权若干问题分析 [J]. 海洋开发与管理, 2010, 27 (1).

[2] 程功舜. 无居民海岛使用权法律性质及流转探析 [J]. 改革与战略, 2011, (7).

[3] 高坤, 吴春岩. 论拆除无居民海岛废弃建筑的必要性 [J]. 齐鲁渔业, 2015 (10): 51～52.

[4] 贺义雄. 无居民海岛价值评估理论与方法初探 [J]. 海洋信息, 2013, 4.

[5] 胡存智. 完善土地收购储备制度的建议和思考 [J]. 中国土地科学, 2010 (3): 4～7.

[6] 黄小彪. 关于完善广东省无居民海岛有偿使用制度的建议 [J]. 港口经济, 2017 (4): 20～23.

[7] 纪召雷. 我国土地储备法律制度研究 [D]. 青岛: 山东科技大学, 2010.

[8] 江平. 中国土地立法研究 [M]. 北京: 中国政法大学出版社, 1999.

[9] 金彭年. 海洋法律研究 [M]. 杭州: 浙江大学出版社, 2014.

[10] 考鲁明. 我国无居民海岛有偿使用法律制度研究 [D]. 青岛: 中国海洋大学, 2014.

[11] 李锋. 我国无居民海岛有偿使用制度研究 [J]. 海洋开发与管理, 2011 (3).

[12] 李文清. 浅析无居民海岛开发利用的规范管理与历史遗留问题 [J]. 齐鲁渔业, 2017 (8): 51～52.

[14] 李晓冬, 吴姗姗. 主要周边国家海岛开发与保护管理政策研究 [M]. 北京: 海洋出版社, 2016.

[13] 李晓冬, 吴姗姗. 构建无居民海岛资源市场化配置机制研究 [J]. 海洋开发与管理, 2017 (12): 105～112.

[15] 李杏筠. 基于无居民海岛使用权价值评估的技术标准起草初探 [J]. 中国标准化, 2018 (16): 26～28.

[16] 廖连招. 无居民海岛保护规划编制与厦门案例研究 [J]. 海洋开发与管理, 2007, 4.

[17] 刘春燕, 陈文婷. 南海无居民海岛历史遗留产权问题及解决 [J]. 法制博览, 2018 (7): 41.

[18] 刘登山. 我国无居民海岛使用权制度研究 [D]. 长春: 吉林大学, 2010.

[19] 刘惠荣. 海洋行政执法理论 [M]. 北京: 海洋出版社, 2013.

[20] 刘连明, 李晓科. 国内外海岛保护与利用政策比较研究 [M]. 北京: 海洋出版社, 2013.

[21] 刘连明, 张祥国, 李晓冬. 国内外海岛保护与利用政策比较研究 [M]. 北京: 海洋出版社, 2013.

[22] 刘容子, 齐连明, 等. 我国无居民海岛价值体系研究 [M]. 北京: 海洋出版社, 2006.

[23] 刘中平. 城市土地储备机制的构建及其模型研究 [D]. 西安: 西北工业大学, 2007.

[24] 卢新海. 中国城市土地储备制度研究 [M]. 北京: 科学出版社, 2008.

[25] 罗冉. 旅游用无居民海岛价格评估方法与实证研究: 以象山县无居民海岛为例 [D]. 杭州: 浙江大学, 2012.

[26] 马得懿. 无居民海岛使用权阐释: 海洋属性与海权发展 [J]. 河北法学, 2014, (7).

［27］马仁锋．浙江省无居民海岛综合开发保护研究［J］．世界地理研究，2012，21（4）．

［28］孟媛媛，罗施福．论我国海域物权的类型与体系建制［J］．政法学刊，2018（1）：32～39．

［29］母小曼．我国土地收购储备的运行机制研究［J］．重庆：重庆大学，2009．

［30］穆治霖．海岛权属制度研究［D］．北京：中国政法大学，2009．

［31］欧阳安蛟，夏积亮，等．中国城市土地收购储备制度：理论与实践［M］．北京：经济管理出版社，2002．

［32］秦智慧．我国无居民海岛使用权法律问题研究［D］．海口：海南大学，2016．

［33］曲林静．广东海岛开发利用中基础设施建设有关问题初探［J］．海洋信息，2017（5）．

［34］邵琦．我国无居民海岛经营性开发法律制度的研究［J］．法学，2016，4（2）．

［35］孙力舟．各国这样开发无居民海岛［J］．环境与生活，2011，5．

［36］孙涛．无居民海岛的法理阐释［J］．中国渔业经济，2015，33（1）．

［37］谭勇华，等．无居民海岛保护和利用规划的前期调查研究［J］．海洋开发与管理，2013，30（1）．

［38］唐俐．无居民海岛使用权客体及法律性质辨析［J］．行政与法，2016（9）．

［39］唐星龄．当前我国土地收购储备制度透视［J］．中国土地，2005（3）：3．

［40］土地市场管理丛书编委会．国有土地招标拍卖理论与实务［M］．北京：地质出版社，2000．

［41］王晓慧，崔旺来．海岛估价理论与实践［M］．北京：海洋出版社，2015．

［42］王晓慧．我国无居民海岛使用权综合估价体系框架研究［J］．浙江海洋大学学报（人文科学版），2014，31（6）：1～6．

［43］吴姗姗、幺艳芳、齐连明．无居民海岛空间资源价值评估技术探讨［J］．海洋开发与管理，2010（3）．

［44］伍鹏著．浙江无居民海岛价值体系与保护性开发研究［M］．北京：经济科学出版社，2014．

［45］象山：首创海域海岛储备管理制度［J］．宁波通讯，2014（17）．

［46］谢立峰．舟山海域无居民海岛保护现状及分析［J］．浙江海洋学院学报（自然科学版），2011，30（4）：358～362．

［47］谢立峰．舟山无居民海岛开发利用现状调查及评估［D］．舟山：浙江海洋学院，2011．

［48］徐祥民，梅宏，时军，等．中国海域有偿使用制度研究［M］．北京：中国环境科学出版社，2009．

［49］杨雪．促进土地收购储备规范化管理的措施分析［J］．中国高新区，2018（10）：259．

［50］张惠．我国土地储备制度的缘起、发展与转型［J］．中国市场，2015（47）：194～196．

［51］赵红梅．论无居民海岛使用权的法律属性［N］．中国海洋报，2005-09-27（3）．

［52］赵奕涵．我国土地收购储备制度的实证研究与模式比较［J］．中国不动产法研究，2015（1）：51．

［53］钟海玥．海域价格评估［J］．北京：海洋出版社，2017（8）．

［54］周学峰．无居民海岛物权制度探析［J］．浙江海洋学院学报（人文科学版），2010，（12）．

［56］朱康对．无居民海岛历史遗留产权问题的处置—以温州无居民海岛为例［J］．中共浙江省委党校学报，2013（3）．

［57］卓晓平．关于无居民海岛使用权物权法若干问题的思考［J］．法制与社会，2015（7）．

附　录

国家海洋局《关于海域、无居民海岛有偿使用的意见》

海域、无居民海岛是全民所有自然资源资产的重要组成部分，是我国经济社会发展的重要战略空间。海域、无居民海岛有偿使用制度的建立实施，对促进海洋资源保护和合理利用、维护国家所有者权益等发挥了积极作用，但也存在市场配置资源决定性作用发挥不充分，资源生态价值和稀缺程度未得到充分体现，使用金征收标准偏低且动态调整机制尚未建立等问题。按照党中央、国务院关于生态文明体制改革和全民所有自然资源资产有偿使用制度改革总体部署，根据《中华人民共和国海域使用管理法》和《中华人民共和国海岛保护法》，为完善海域、无居民海岛有偿使用制度，保护海域、无居民海岛资源，现提出以下意见。

一、总体要求

（一）指导思想

全面贯彻党的十九大精神，以习近平新时代中国特色社会主义思想为指导，紧紧围绕统筹推进"五位一体"总体布局和协调推进"四个全面"战略布局，牢固树立和贯彻落实新发展理念，认真落实党中央、国务院决策部署，严格落实海洋国土空间生态保护红线，以生态保护优先和资源合理利用为导向，对需要严格保护的海域、无居民海岛，严禁开发利用；对可开发利用的海域、无居民海岛，通过有偿使用达到尽可能少用的目的。坚持发挥市场配置资源决定性作用和更好发挥政府作用，建立符合海域、无居民海岛资源价值规律的有偿使用制度，切实维护所有者和使用者权益，推动海洋生态文明建设，促进海洋经济持续健康发展。

（二）基本原则

——保护优先、绿色利用。牢固树立尊重自然、顺应自然、保护自然的理念，坚持保护和发展相统一，在发展中保护，在保护中发展，提高用海用岛生态门槛。强化用途管制，实施差别化的海域、无居民海岛供给政策，提升资源利用效率。

——市场配置、健全规则。更多引入竞争机制配置资源，实现政府和市场作用有效结合。健全公平开放透明的市场规则，提高资源配置效率和合理性，满足海洋经济发展多元化需求。

——明确权责、加强监管。创新海域、无居民海岛有偿使用管理体制机制，明确管理权限。构建依法监管与信用约束、政府监管与社会监督相结合的监管体系，建立健全责任追究机制，确保有效保护和合理利用资源、维护国家所有者权益的各项要求落到实处。

（三）主要目标。到 2020 年，基本建立保护优先、产权明晰、权能丰富、规则完善、监管有效的海域、无居民海岛有偿使用制度，生态保护和合理利用水平显著提升，资源配置更加高效，市场化出让比例明显提高，使用金征收标准动态调整机制建立健全，使用金征收管理更加规范，监管服务能力显著提升，海域、无居民海岛国家所有者和使用权人的合法权益得到切实维护，实现生态效益、经济效益、社会效益相统一。

二、主要任务

（四）提高用海用岛生态门槛。严守海洋国土空间生态保护红线，严格执行围填海总量控制制度，对生态脆弱的海域、无居民海岛实行禁填禁批制度，确保大陆自然岸线保有率不低于 35%。严格执行海洋主体功能区规划，完善海洋功能区划和海岛保护规划，对优化开发区域、重点开发区域、限制开发区域的海域、无居民海岛利用制定差别化产业准入目录，实施差别化供给政策。将生态环境损害成本纳入海域、无居民海岛资源价格形成机制，利用价格杠杆促进用海用岛的生态环保投入。提高占用自然岸线、城镇建设填海、填海连岛、严重改变海岛自然地形地貌等对生态环境影响较大的用海用岛使用金征收标准。制定生态用海用岛相关标准规范，对不符合生态要求的用海用岛，不予批准。制定海洋生态保护补偿和生态环境损害赔偿制度。开展生态美、生活美、生产美的"和美海岛"建设。推进蓝色海湾、生态岛礁等海洋生态工程建设，加强海域海岸带和海岛整治修复。

建立健全海岛开发利用约束机制。制定发布海岛保护、可开发利用无居民海岛名录。禁止开发利用区域包括：领海基点保护范围内的海岛区域，海洋自然保护区内的核心区及缓冲区、海洋特别保护区内的重点保护区和预留区、具有特殊保护价值的无居民海岛。开展无居民海岛岸线勘测，严控海岛自然岸线开发利用，严守海岛自然岸线保有率，保持现有砂质岸线长度不变。开展海域、海岛生态系统本底调查和生态监测站点建设，加强对海岛岛体、岛基、岸线及其周边海域生态系统的保护，支持边远海岛基础设施建设。海岛保护法实施前的无居民海岛开发利用活动应依法纳入管理，对仍未取得合法手续的要依法予以处理。

（五）完善用海用岛市场化配置制度。进一步减少非市场化方式出让，逐步提高经营性用海用岛的市场化出让比例。制定海域、无居民海岛招标拍卖挂牌出让管理办法，明确出让范围、方式、程序、投标人资格条件审查等，鼓励沿海各地区在依法审批前，结合实际推进旅游娱乐、工业等经营性项目用岛采取招标拍卖挂牌等市场化方式出让。对于不宜通过市场化方式出让的项目用海用岛，以申请审批的方式出让。保障渔民生产生活用海需求。

按照海域使用管理法要求，不断完善用海的市场化出让配套措施。地方海洋行政主管部门编制用岛出让方案，应符合规划、国家产业政策和有关规定，明确申请人条件、出让底价、开发利用控制性指标、生态保护要求等，经省级政府批准后实施。竞得人或中标人应当与地方海洋行政主管部门签订出让合同，经依法批准后按照出让方案编制开发利用具体方案，缴纳无居民海岛使用金，并凭出让合同和缴纳凭证等办理不动产登记手续。出让合同主要包括无居民海岛开发利用面积和方式、生态保护措施、使用金缴纳、法定义务等。沿海各地区应当进一步完善无居民海岛开发利用申请审批的相关管理制度、标准、规范。

完善海域使用权转让、抵押、出租、作价出资（入股）等权能。制定海域使用权转让管理办法，明确转让范围、方式、程序等，转让由原批准用海的政府海洋行政主管部门审批。研究建立海域使用权分割转让制度，明确分割条件，规范分割流程。转让海域使用权的，应依法缴纳相关税费。探索赋予无居民海岛使用权依法转让、抵押、出租、作价出资（入股）等权能。转让过程中改变无居民海岛开发利用类型、性质或其他显著改变开发利用具体方案的，应经原批准用岛的政府同意。

鼓励金融机构开展海域、无居民海岛使用权抵押融资业务。完善海域、无居民海岛使用权价值评估制度，制定相关评估准则和技术标准，加强专业人才队伍建设。将海域、无居民海岛使用权交易纳入全国公共资源交易平台。开展海域、海岛资源现状调查和评价，建立海域、海岛资源台账和海上构筑物信息平台，定期公布全国海域、无居民海岛使用权出让信息。开展用海项目和海岛地区经济运行、生态环境影响监测评估，适时发布评估报告以及海域价格、海岛生态和发展指数。

（六）建立使用金征收标准动态调整机制。国家统一调整海域等别，制定海域使用金征收标准，定期调整并向社会公布；沿海地方应根据本地区具体情况划分海域级别，制定不低于国家征收标准的地方海域使用金征收标准。申请审批方式出让海域使用权的，执行地方征收标准，地方政府管理海域以外的项目用海执行国家征收标准。海域使用权市场化出让底价不得低于按照地方征收标准计算的海域使用金金额。

国家统一调整无居民海岛等别、用岛类型和用岛方式，制定无居民海岛使用金征收最低标准，定期调整并向社会公布。国家或省级海洋行政主管部门在最低使用金标准基础上，按照相关程序通过评估提出出让标准，作为无居民海岛市场化出让或申请审批出让的使用金征收依据。

（七）加强使用金征收管理。单位和个人使用海域、无居民海岛，应按规定足额缴纳使用金（包括招标拍卖挂牌方式出让的溢价部分）。对欠缴使用金的海域、无居民海岛使用权人，限期缴纳。限期结束后仍拒不缴纳的，依法收回使用权，并采取失信联合惩戒措施，建立用海用岛"黑名单"等制度，限制其参与新的海域、无居民海岛使用权出让活动。建立健全海域、无居民海岛使用金减免制度，细化减免范围和条件，严格执行减免规定，减免信息予以公示。国防、军事用海用岛依法免缴使用金。用海用岛项目已减免使用金的，其使用权发生转让、出租、作价出资（入股）或者经批准改变用途或性质的，应重新履行相关审批手续。制定养殖用海减缴或免缴海域使用金的标准。

海域使用金和无居民海岛使用金纳入一般公共预算管理。地方政府管理海域以外以及跨省（自治区、直辖市）管理海域的海域使用金全额缴入中央国库，由国家海洋局按照财政国库管理制度有关规定执行。养殖用海缴纳的海域使用金全额缴入同级市县地方国库。除上述两种情形外的海域使用金，以及无居民海岛使用金，合理确定中央和地方分成比例。地方分成的海域使用金和无居民海岛使用金在省、市、县之间的分配比例，由省级财政部门确定，报省级政府批准后执行。

（八）加强海域、无居民海岛有偿使用监管。各有关地区和部门要切实承担监管责任，强化协作配合，严格审查海域使用论证、海岛项目论证和开发利用具体方案等材料，加强用海用岛事中事后监管，开展用海用岛事后常态化评估。及时发现和严厉查处违法违规用海用岛行为，切实做到有案必查、违法必究。对造成海洋生态环境损害的，以损害程度等因素依法确定赔偿额度；对造成严重后果的，依法追究刑事责任。将海域、无居民海岛有偿使用制度贯彻落实情况作为海洋督察的重要内容，建立考核机制，严格责任追究。依托海域海岛动态监视监测系统，对出让、转让、使用金征收等实施动态监管，确保市场规范运行。利用全国信用信息共享平台和企业信用信息公示系统，依法公示海域、无居民海岛行政许可、行政处罚、使用金缴纳等信息并纳入诚信体系，接受社会监督。

三、组织实施

（九）加强组织领导。各有关地区和部门要牢固树立保护优先、绿色利用的理念，正确处理海域、无居民海岛资源保护与开发利用的关系，建立健全相关工作机制，确保各项任务落到实处。国家海洋局、财政部要统筹指导和督促落实海域、无居民海岛有偿使用制度改革工作，及时研究解决出现的新情况新问题，重大问题及时向党中央、国务院报告。

（十）有序推进市场化出让工作。坚持多种有偿出让方式并举，适应经济社会发展多元化需求，积极完善海域有偿使用制度。率先在浙江、广东省有序推进无居民海岛使用权市场化出让工作；在总结经验基础上，加快完善相关配套制度，到 2019 年全面推广实施。

（十一）推动相关法律法规修订。加快推进海域使用管理法、海岛保护法修订工作，做好海域、无居民海岛有偿使用管理规范性文件和标准的制定修订工作。各地区应结合实际加强海域、无居民海岛有偿使用配套制度建设。

（十二）做好舆论宣传。加强对海域、无居民海岛有偿使用制度的舆论宣传，做好政策解读工作。充分发挥新闻媒体作用，加强信息共享与信息公开发布，积极回应社会关切，引导全社会树立保护海域、无居民海岛资源的意识，为改革营造良好舆论氛围和社会环境。

象山县海域海岛储备管理暂行办法

第一章 总 则

第一条 为加强海洋管理,合理配置海洋资源,增强政府对海洋资源市场的宏观调控,规范海洋资源市场运行,促进海洋资源节约集约利用,提高海洋要素保障能力,根据《中华人民共和国海域使用管理法》《中华人民共和国海岛保护法》《浙江省海域使用管理条例》《浙江省无居民海岛开发利用管理办法》等法律法规,结合本县实际,制定本办法。

第二条 本县范围内海域海岛储备管理,适用本办法。

第三条 海域和无居民海岛属于国家所有,本办法所称海域海岛储备,是指县政府设立的海域海岛储备机构依法取得海域使用权或无居民海岛使用权,进行前期开发、储存以备供应的行为。

海域海岛储备工作的具体实施,由海域海岛储备机构象山县海洋资源管理中心承担。

第四条 象山县海洋资源管理中心是县政府批准成立,具有独立的法人资格,隶属于县海洋与渔业局,统一承担县内海域海岛储备工作的事业单位,履行以下职责:

(一)根据国民经济和社会发展规划、海洋功能区划、海岛保护规划、县域总体规划,组织对全县海域海岛供需状况的调查,为县海洋与渔业局编制海域海岛储备计划提供服务;

(二)根据海域海岛储备计划拟定海域海岛收储方案,经批准后组织实施;

(三)负责对海域海岛进行储备管理,按照海域海岛年度供应计划供海供岛;

(四)负责筹集并按规定使用海域海岛储备资金;

(五)其他与海域海岛储备相关的工作。

第五条 为保证海域海岛储备工作顺利开展,县海洋与渔业、财政部门按照职责分工,履行以下职责:

(一)在海域海岛储备管理中,县海洋与渔业局应当履行以下职责:

(1)负责编制全县海域海岛储备计划;

(2)负责海域海岛收购方案的审核;

(3)负责建立全县海域海岛储备管理信息系统、储备海域海岛档案台账管理制度;

(4)负责海域海岛储备融资方案的初审,在海域海岛储备融资方案经县财政部门审核后,报县政府审批;

（5）县政府确定的海域海岛储备管理的其他职责。

（二）在海域海岛储备管理中，县财政局应当履行以下职责：

（1）负责制定海域海岛储备资金收支管理办法；

（2）负责海域海岛储备资金收支的审核和督查；

（3）负责海域海岛储备融资方案的审核；

（4）县政府确定的海域海岛储备管理的其他职责。

县规划、国土资源、农林、金融等部门，按照职责分工，各负其责，互相配合，保证海域海岛储备工作顺利开展。

第二章　计划与管理

第六条　县海洋与渔业局根据调控海域海岛市场的需要，合理确定储备海域海岛规模，储备海域海岛必须符合规划、计划，优先储备闲置、空闲和低效利用的海域海岛。

第七条　县海洋与渔业局应根据国民经济和社会发展规划、海洋功能区划、海岛保护规划、县域总体规划、海域海岛利用年度计划和海域海岛市场供需状况等编制年度海域海岛储备计划，报县政府批准。

全县年度海域海岛储备计划的编制工作应当于每年 10 月 1 日前完成。

第八条　年度海域海岛储备计划应包括：

（一）年度储备海域海岛规模；

（二）年度储备海域海岛前期开发规模；

（三）年度储备海域海岛供应规模；

（四）年度储备海域海岛临时利用计划；

（五）计划年度末储备海域海岛规模；

（六）年度储备海域海岛投融资计划。

第九条　实施海域海岛储备计划前，应由所在镇（乡）政府、街道办事处、管委会编制区域开发建设控制性规划，经县规划局审核，报县政府批准，作为海域海岛储备的依据。

第三章　范围与程序

第十条　下列海域海岛可以纳入海域海岛储备范围：

（一）已办理储备申请审批手续的海域海岛；

（二）依法收回的海域海岛；

（三）收购的海域海岛；

（四）行使优先购买权取得的海域海岛；

（五）其他依法取得的海域海岛。

第十一条　象山县海洋资源管理中心办理储备申请审批手续的海域海岛，由县海洋与渔业局办理海域海岛初始登记手续后纳入海域海岛储备。海域海岛储备申请审批手续参照《浙江省海域使用权申请审批管理暂行办法》和《浙江省无居民海岛使用审批管理暂行办法》办理。

象山县海洋资源管理中心作为储备海域海岛的使用权申请人，在向县海洋与渔业局申请储备海域海岛时需提交以下材料：

（一）海域或无居民海岛使用申请书；

（二）海域或无居民海岛使用论证材料；

（三）海域或无居民海岛位置图、界址图；

（四）资信证明材料；

（五）其他按规定需提交的材料。

申请储备海域海岛时，须按照规划明确海域或无居民海岛的使用类型、使用方式，并明确海域或无居民海岛的用途为政府储备。

实施填海工程或其他前期海域海岛整理项目的，申请时须一并提交投资主管部门对前期整理项目的批准文件。

拟申请储备的海域海岛的政策处理工作，由所在地镇（乡）政府、街道办事处、管委会负责。政策处理相关情况编制海域海岛补偿方案，经县海洋与渔业局、县财政局审核，报县政府审批。象山县海洋资源管理中心根据经县政府批准的海域海岛补偿方案与利益相关人签订补偿协议，支付补偿款项。

海域（无居民海岛）使用论证以海洋功能区划（海岛保护规划）、区域控制性规划为依据，由象山县海洋资源管理中心委托相关资质单位开展。

储备用海用岛经有批准权的人民政府批准后，象山县海洋资源管理中心向县海洋与渔业局申请办理海域（无居民海岛）使用权登记。象山县海洋资源管理中心在办理海域（无居民海岛）使用权登记申请前，须按照海域使用金征收标准缴纳储备海域的海域使用金或按照无居民海岛使用出让最低价标准缴纳无居民海岛使用金。

第十二条　县政府依法无偿收回使用权的海域海岛，由县海洋与渔业局办理变更登记手续，将海域或无居民海岛使用权人变更为象山县海洋资源管理中心，使用类型和使用方式不变，用途变更为政府储备，纳入海域海岛储备。如需改变使用类型或方式的，参照本办法第十一条规定，由象山县海洋资源管理中心办理储备申请，经批准后纳入海域海岛储备。

第十三条　因实施城乡规划等原因需要收回海域海岛的，应由县海洋与渔业局报经县政府批准，依法对海域或无居民海岛使用权人给予补偿后，收回海域或无居民海岛使用权。

对政府有偿收回的海域海岛，不改变使用类型和方式的，参照本办法第十二条规定，由县海洋与渔业局办理变更登记手续后纳入海域海岛收储；如需改变使用类型或方式的，参照本办法第十一条规定，由象山县海洋资源管理中心办理储备申请，经批准后纳入海域海岛储备。

第十四条　根据海域海岛储备计划收购海域（无居民海岛）使用权的，象山县海洋资源管理中心应与海域（无居民海岛）使用权人签订海域（无居民海岛）使用权收购协议。收购海域海岛的补偿标准，由象山县海洋资源管理中心与海域（无居民海岛）使用权人根据海域海岛评估结果协商，经县海洋与渔业和财政部门批准确认。完成收购程序后的海域海岛，不改变使用类型和方式的，参照本办法第十二条规定，由县海洋与渔业局办理变更登记手续后纳入海域海岛收储；如需改变使用类型或方式的，参照本办法第十一条规定，由象山县海洋资源管理中心办理储备申请，经批准后纳入海域海岛储备。

第十五条　政府行使优先购买权取得的海域海岛，不改变使用类型和方式的，参照本办法第十二条规定，由县海洋与渔业局办理变更登记手续后纳入海域海岛储备；如需改变使用类型或方式的，参照本办法第十一条规定，由象山县海洋资源管理中心办理储备申请，经批准后纳入海域海岛储备。

第四章　开发与利用

第十六条　对纳入储备的海域海岛，经县海洋与渔业局批准，象山县海洋资源管理中心根据实际需要，对储备海域海岛进行前期开发、保护、管理、临时利用及为储备海域海岛实施前期开发进行融资等活动，并按相关法律法规规定的管理程序报批和实施。

第十七条　象山县海洋资源管理中心可对储备海域海岛进行必要的前期开发，使之具备供应条件。

第十八条　前期开发涉及道路、供水、供电、供气、排水、通讯、照明、绿化、土地平整等基础设施建设的，要按照有关规定，通过公开招标方式选择工程实施单位。

第十九条　象山县海洋资源管理中心应对纳入储备的海域海岛采取必要的措施予以保护管理，防止侵害储备海域海岛权利行为的发生。

第二十条　在储备海域海岛未供应前，象山县海洋资源管理中心可将储备海域海岛或连同海（岛）上建（构）筑物，通过出租、临时使用等方式加以利用。设立抵押权的储备海域海岛临时利用，应征得抵押权人同意。储备海域海岛的临时利用，一般不超过两年，且不能影响海域海岛供应。

第五章　海域海岛供应

第二十一条　储备海域海岛完成前期开发整理后，纳入县海域海岛供应计划，由县海洋与渔业局统一组织供应。

储备海域海岛供应，象山县海洋资源管理中心负责编制出让方案，经县海洋与渔业局审核后，报县政府批准后实施。

第二十二条　依法办理储备申请审批的海域海岛，纳入储备满两年未供应的，县海洋与渔业局在编制下一年度海域海岛储备计划时，应当对应缩减储备规模。

第六章　融资与资金管理

第二十三条　海域海岛储备资金收支管理办法由县财政局会同县海洋与渔业局制定。

第二十四条　象山县海洋资源管理中心可凭储备海域海岛使用权证书向金融机构举借贷款。象山县海洋资源管理中心举借的贷款规模，应当与年度海域海岛储备计划、海域海岛储备资金项目预算相衔接，并报经县财政部门批准，不得超计划、超规模贷款。海域海岛储备贷款应实行专款专用、封闭管理，不得挪用。

政府储备海域海岛设定抵押权，其价值按照市场评估价值扣除应当上缴政府的海域海岛出让收益确定。

第二十五条　象山县海洋资源管理中心应加强资金风险管理，不得以任何形式为第三方提供担保。

第七章　附　　则

第二十六条　本办法自 2014 年 3 月 1 日起实施。

莆田市海域海岛储备管理办法（试行）

第一条　为进一步完善海域海岛使用管理制度，建立和规范海域海岛储备管理工作，促进海洋资源节约集约利用，提高海域和无居民海岛使用保障能力，根据《中华人民共和国物权法》《中华人民共和国海域使用管理法》《中华人民共和国海岛保护法》《福建省海域使用管理条例》《福建省海域收储管理办法（试行）》等规定，结合本市实际，制定本办法。

第二条　本办法所称海域海岛储备是指由政府设立的海域海岛储备机构对依法取得的海域或无居民海岛予以储存，并进行前期整理、开发和日常管理后出让的有效配置海洋资源的行为。

本市管辖范围内海域海岛的储备管理，适用本办法。

第三条　下列海域和无居民海岛可以纳入收储范围：

（一）实施或调整海洋功能区划、海岛保护规划应依法收回的；

（二）海域、无居民海岛使用期限届满依法收回的；

（三）闲置海域依法收回的；

（四）非法占用、转让海域和无居民海岛依法收回的；

（五）未开发利用的；

（六）其他可依法储备的。

第四条　市、县（区）海洋行政主管部门要在本级人民政府领导下，成立海域海岛储备工作领导小组，建立海域海岛储备机构，健全海域海岛储备具体工作制度，协调推进海域海岛储备工作。

第五条　市海洋行政主管部门负责审核海域海岛储备年度计划、海域海岛储备项目方案和海域海岛储备融资方案，并上报市政府审批；市海域海岛储备机构在市海洋行政主管部门管理下，依法开展全市海域和无居民海岛储备和供应的具体工作。

本办法涉及的海域海岛依法收回具体工作由沿海县区人民政府（管委会）或市政府指定的单位依照海域海岛补偿相关规定办理；沿海乡（镇）人民政府应当协助做好本辖区毗邻海域海岛使用权的具体收回和补偿工作。

第六条　海域海岛储备应当符合海洋功能区划和海岛保护规划、海洋生态保护规划以及海洋产业发展规划，合理确定收储规模，遵循依法依规、集约利用、保障权益、信息公开、有序开展的原则。

第七条　县（区）海洋行政主管部门根据辖区年度用海实际需求编制年度海域收储计划，由本级人民政府审查后报市级海洋主管部门审核，年度海域收储计划经市人民政府批准后实施，并报省级海洋行政主管部门备案。

凡列入储备计划的海域或海岛，任何单位或个人不得自行处置海域使用权和拒绝收回、收购；海域使用权被依法收回、收购的单位或个人获得合理补偿后，必须按期交付海域。

第八条　海域海岛储备实行预申报制度。凡符合本办法规定储备条件的海域海岛，由海域所在地的县（区）人民政府（管委会）根据批准实施的年度储备计划提前向市级海洋行政主管申报。申报时应提供下列材料：

（一）明确前期工作单位；

（二）拟储备海域海岛的现状、范围；

（三）拟储备海域海岛规划开发用途、产业定位；

（四）有无权属争议和利益相关者补偿等事项的说明；

（五）有效地形图、宗海图。

围填海项目还应提供本级海洋、规划、国土、水利等相关部门用海（地）意见及相关规划资料。

第九条　海域海岛储备机构对申报的海域海岛储备项目应委托测绘单位绘制海域海岛收储位置图及界址图，开展权属核查。围填海项目要根据拟收储海域或海岛实际情况和开发用途需要向城乡规划部门申请海域海岛收储规划条件，明确海域海岛对应用岛的性质、产业类别和相关主要经济控制指标，理清海域海岛收储可出让使用和公益配套指标。

海域储备应当按照海洋功能区划对海域空间的用途管制要求实行分类储备；无居民海岛储备按照海岛保护规划具体用岛类型进行储备；对由政府实施整体规划管理建设的区域建设用海可以按照规划的产业功能分区进行整体储备。

海域海岛储备机构制订的储备方案应报本级人民政府批准和上级海洋行政主管部门备案。

第十条　海域海岛储备机构根据批准的储备方案依法开展储备海域海岛的收储、前期整理工作，使之具备供应条件。

对储备海域海岛项目有意向开发的单位，可以签订意向用海用岛前期工作协议，由意向单位出资开展海域海岛储备工作，对按照意向前期协议开展海域海岛储备相关前期工作而最终未取得海域海岛使用权的意向单位，可以由最终取得海域海岛使用权的单位按照出让文件核定的前期工作费用标准，给予意向单位相应的经济补偿。

第十一条　海域海岛储备机构可根据需要，对产权清晰、界址清楚的储备海域海岛，向本级海洋行政主管部门申请办理海域海岛储备登记手续，凭登记凭证可以向金融机构和融资平台融资。供应已登记的储备海域海岛前，应注销储备登记，设立海域海岛抵押权的，要先行依法解除。

第十二条　储备海域需要实施围填海工程或其他前期整理建设的，海域海岛储备机构在组织实施时可根据政府批准文件委托项目所在地县区人民政府（管委会）或政府指定的单位开展海域使用论证和海洋环评后，按照相关规定报批后组织实施。

因储备海域海岛而进行前期工程建设，按照工程建设有关规定依法进行。

第十三条 海域使用论证报告和海洋环境影响评价报告按照具体用海方式和海域对应的产业规划进行编制，"项目用海内容"调整为"政府储备用途及其控制指标"，说明政府储备用途、设置的各项用海控制技术指标、以及推荐（意向）方案，并提出相应的结论和管控措施。海域出让后按照宗海具体用海类型和用途补充海籍调查。

第十四条 储备海域海岛完成前期开发整理后，纳入政府海域海岛供应计划，由市级海洋行政主管部门统一组织供应。

储备海域海岛的供应原则上应采取招标拍卖挂牌方式出让，海域海岛储备机构负责编制出让方案，储备期间发生的相关费用列入海域海岛使用权出让价款，组织实施工作按照福建海域海岛使用权招标拍卖挂牌出让管理有关规定执行。

第十五条 海域海岛储备机构应对纳入储备的海域海岛采取必要的措施予以保护管理，各级海监执法机构要加强对储备海域海岛的执法监管，防止侵害储备海域海岛权利行为的发生。

第十六条 本办法自发布之日起施行。

关于印发《调整海域、无居民海岛使用金征收标准》的通知

财综〔2018〕15 号

沿海省、自治区、直辖市、计划单列市财政厅（局）、海洋厅（局）：

根据中共中央、国务院关于生态文明体制改革总体方案和海域、无居民海岛有偿使用意见的要求，财政部、国家海洋局制定了《海域使用金征收标准》和《无居民海岛使用金征收标准》（见附件，以下简称国家标准），现印发你们，请遵照执行。如有问题，请及时告知。现将有关事项通知如下：

一、自本通知施行之日起，征收海域使用金和无居民海岛使用金统一按照国家标准执行。

二、沿海省、自治区、直辖市、计划单列市应根据本地区情况合理划分海域级别，制定不低于国家标准的地方海域使用金征收标准。以申请审批方式出让海域使用权的，执行地方标准；以招标、拍卖、挂牌方式出让海域使用权的，出让底价不得低于按照地方标准计算的海域使用金金额。尚未颁布地方海域使用金征收标准的地区，执行国家标准。养殖用海海域使用金执行地方标准。

地方人民政府管理海域以外的用海项目，执行国家标准，相关等别按照毗邻最近行政区的等别确定。养殖用海的海域使用金征收标准参照毗邻最近行政区的地方标准执行。

三、无居民海岛使用权出让实行最低标准限制制度。无居民海岛使用权出让由国家或省级海洋行政主管部门按照相关程序通过评估提出出让标准，作为无居民海岛市场化出让或申请审批出让的使用金征收依据，出让标准不得低于按照最低标准核算的最低出让标准。

四、本通知施行前已获批准但尚未缴纳海域使用金和无居民海岛使用金的用海、用岛项目，仍执行原海域使用金和无居民海岛使用金征收标准。其中，招标、拍卖、挂牌方式出让的项目批准时间，以政府批复出让方案的时间为准。

五、经批准分期缴纳海域使用金和无居民海岛使用金的用海、用岛项目，在批准的分期缴款时间内，应按照出让合同或分期缴款批复缴纳剩余部分。

六、已获批准按规定逐年缴纳海域使用金的用海项目，项目确权登记时间在通知施行前的，仍执行原海域使用金征收标准，出让合同另有约定的除外，缴款通知书已有规定的从其规定；因海域使用权续期或用海方案调整等需重新报经政府批准的，批准后按照新标准执行。

本通知施行后批准的逐年缴纳海域使用金的用海项目，如海域使用金征收标准调整，调整后第二年起执行新标准。

七、本通知自 2018 年 5 月 1 日起施行。此前财政部、国家海洋局制发的有

关规定与本通知规定不一致的，一律以本通知规定为准。地方海域使用金征收标准（含养殖用海征收标准）制定工作，应于 2019 年 4 月底前完成，并报财政部、国家海洋局备案。

八、财政部会同国家海洋局将根据海域、无居民海岛资源环境承载能力和国民经济社会发展情况，综合评估用海用岛需求、海域和无居民海岛使用权价值、生态环境损害成本、社会承受能力等因素的变化，建立价格监测评价机制，对海域、无居民海岛使用金征收标准进行动态调整。

附件：1. 海域使用金征收标准
　　　2. 无居民海岛使用金征收标准
　　　3. 海域使用金缴款通知书模版

财政部　国家海洋局
2018 年 3 月 13 日

无居民海岛使用金征收标准

为贯彻落实《生态文明体制改革总体方案》和《海域、无居民海岛有偿使用的意见》，体现政府配置资源的引导作用，进一步发挥海岛有偿使用的经济杠杆作用，国家实行无居民海岛使用金征收标准动态调整机制，全面提升海岛生态保护和资源合理利用水平。根据《中华人民共和国海岛保护法》和《中华人民共和国预算法》，现将无居民海岛使用权出让最低标准调整如下：

一、无居民海岛等别

依据经济社会发展条件差异和无居民海岛分布情况，将无居民海岛划分为六等。

一等：

上海：浦东新区

山东：青岛市（市北区　市南区）

福建：厦门市（湖里区　思明区）

广东：广州市（黄埔区　南沙区）深圳市（宝安区　福田区　龙岗区　南山区　盐田区）

二等：

上海：金山区

天津：滨海新区

辽宁：大连市（沙河口区　西岗区　中山区）

山东：青岛市（城阳区　黄岛区　崂山区）

福建：泉州市丰泽区　厦门市（海沧区　集美区）

广东：东莞市　中山市　珠海市（金湾区　香洲区）

三等：

上海：崇明区

辽宁：大连市甘井子区

山东：即墨市　龙口市　蓬莱市　日照市（东港区　岚山区）　荣成市　威海市环翠区　烟台市（莱山区　芝罘区）

浙江：宁波市（北仑区　鄞州区　镇海区）台州市（椒江区　路桥区）舟山市定海区

福建：福清市　福州市马尾区　晋江市　泉州市泉港区　石狮市　厦门市翔安区

广东：茂名市电白区　惠东县　惠州市惠阳区　汕头市（澄海区　濠江区　潮南区　潮阳区　金平区　龙湖区）湛江市（赤坎区　麻章区　坡头区）

海南：海口市美兰区　三亚市（吉阳区　崖州区　天涯区　海棠区）

四等：

辽宁：长海县　大连市（金州区　旅顺口区）瓦房店市　葫芦岛市市辖区　绥中县　兴城市

河北：秦皇岛市山海关区

山东：莱州市　乳山市　威海市文登区　烟台市牟平区　海阳市

江苏：连云港市连云区

浙江：海盐县　平湖市　嵊泗县　温岭市　玉环市　乐清市　舟山市普陀区

福建：福州市长乐区　惠安县　龙海市　南安市

广东：恩平市　南澳县　汕尾市城区　台山市　阳江市江城区

广西：北海市海城区

海南：儋州市

五等：

辽宁：东港市　大连市普兰店区　庄河市

河北：唐山市曹妃甸区　乐亭县

山东：长岛县　东营市（东营区　河口区）莱阳市　潍坊市寒亭区

江苏：盐城市大丰区　东台市　如东县

浙江：岱山县　温州市洞头区　宁波市奉化区　临海市　宁海县　瑞安市　三门县　象山县

福建：连江县　罗源县　平潭县　莆田市（荔城区　秀屿区）漳浦县

广东：海丰县　惠来县　雷州市　廉江市　陆丰市　饶平县　遂溪县　吴川市　徐闻县　阳东县　阳西县

广西：防城港市（防城区　港口区）钦州市钦南区

海南：澄迈县　琼海市　文昌市　陵水县　乐东县　万宁市

六等：

辽宁：锦州市（凌海市）盘锦市（大洼区　盘山县）

山东：昌邑市　广饶县　利津县　无棣县

江苏：连云港市赣榆区

浙江：苍南县　平阳县

福建：东山县　福安市　福鼎市　宁德市蕉城区　霞浦县　云霄县　诏安县

广西：东兴市　合浦县

海南：昌江县　东方市　临高县　三沙市

我国管辖的其他区域的海岛

二、无居民海岛用岛类型

根据无居民海岛开发利用项目主导功能定位，将用岛类型划分为九类。

类型编码	类型名称	界　定
1	旅游娱乐用岛	用于游览、观光、娱乐、康体等旅游娱乐活动及相关设施建设的用岛
2	交通运输用岛	用于港口码头、路桥、隧道、机场等交通运输设施及其附属设施建设的用岛
3	工业仓储用岛	用于工业生产、工业仓储等的用岛，包括船舶工业、电力工业、盐业等
4	渔业用岛	用于渔业生产活动及其附属设施建设的用岛
5	农林牧业用岛	用于农、林、牧业生产活动的用岛
6	可再生能源用岛	用于风能、太阳能、海洋能、温差能等可再生能源设施建设的经营性用岛
7	城乡建设用岛	用于城乡基础设施及配套设施等建设的用岛
8	公共服务用岛	用于科研、教育、监测、观测、助航导航等非经营性和公益性设施建设的用岛
9	国防用岛	用于驻军、军事设施建设、军事生产等国防目的的用岛

三、无居民海岛用岛方式

根据用岛活动对海岛自然岸线、表面积、岛体和植被等的改变程度，将无居民海岛用岛方式划分为六种。

方式编码	方式名称	界　　定
1	原生利用式	不改变海岛岛体及表面积，保持海岛自然岸线和植被的用岛行为
2	轻度利用式	造成海岛自然岸线、表面积、岛体和植被等要素发生改变，且变化率最高的指标符合以下任一条件的用岛行为： 1）改变海岛自然岸线属性≤10%； 2）改变海岛表面积≤10%； 3）改变海岛岛体体积≤10%； 4）破坏海岛植被≤10%
3	中度利用式	造成海岛自然岸线、表面积、岛体和植被等要素发生改变，且变化率最高的指标符合以下任一条件的用岛行为： 1）改变海岛自然岸线属性>10%且<30%； 2）改变海岛表面积>10%且<30%； 3）改变海岛岛体体积>10%且<30%； 4）破坏海岛植被>10%且<30%
4	重度利用式	造成海岛自然岸线、表面积、岛体和植被等要素发生改变，且变化率最高的指标符合以下任一条件的用岛行为： 1）改变海岛自然岸线属性≥30%且<65%； 2）改变岛体表面积≥30%且<65%； 3）改变海岛岛体体积≥30%且<65%； 4）破坏海岛植被≥30%且<65%
5	极度利用式	造成海岛自然岸线、表面积、岛体和植被等要素发生改变，且变化率最高的指标符合以下任一条件的用岛行为： 1）改变海岛自然岸线属性≥65%； 2）改变岛体表面积≥65%； 3）改变海岛岛体体积≥65%； 4）破坏海岛植被≥65%
6	填海连岛与造成岛体消失的用岛	

四、无居民海岛使用权出让最低标准

根据各用岛类型的收益情况和用岛方式对海岛生态系统造成的影响，在充分体现国家所有者权益的基础上，将生态环境损害成本纳入价格形成机制，确定无居民海岛使用权出让最低标准。国家每年对无居民海岛使用权出让最低标准进行评估，适时调整。

无居民海岛使用权出让最低标准

单位：万元/公顷·年

等别	用岛方式 / 用岛类型	原生利用式	轻度利用式	中度利用式	重度利用式	极度利用式	填海连岛与造成岛体消失的用岛
一等	旅游娱乐用岛	0.95	1.91	5.73	12.41	19.09	2455.00万元/公顷，按用岛面积一次性计征
	交通运输用岛	1.18	2.36	7.07	15.32	23.56	
	工业仓储用岛	1.37	2.75	8.25	17.87	27.49	
	渔业用岛	0.38	0.75	2.26	4.90	7.54	
	农林牧业用岛	0.30	0.60	1.81	3.92	6.03	
	可再生能源用岛	1.04	2.08	6.25	13.54	20.83	
	城乡建设用岛	1.47	2.95	8.84	19.15	29.46	
	公共服务用岛	—	—	—	—	—	
	国防用岛	—	—	—	—	—	
二等	旅游娱乐用岛	0.77	1.54	4.62	10.00	15.38	1976.00万元/公顷，按用岛面积一次性计征
	交通运输用岛	0.95	1.90	5.69	12.33	18.97	
	工业仓储用岛	1.11	2.21	6.64	14.38	22.13	
	渔业用岛	0.30	0.61	1.83	3.95	6.08	
	农林牧业用岛	0.24	0.49	1.46	3.16	4.87	
	可再生能源用岛	0.84	1.68	5.04	10.91	16.78	
	城乡建设用岛	1.19	2.37	7.11	15.41	23.71	
	公共服务用岛	—	—	—	—	—	
	国防用岛	—	—	—	—	—	
三等	旅游娱乐用岛	0.68	1.37	4.10	8.88	13.66	1729.00万元/公顷，按用岛面积一次性计征
	交通运输用岛	0.83	1.66	4.98	10.79	16.60	
	工业仓储用岛	0.97	1.94	5.81	12.59	19.36	
	渔业用岛	0.28	0.55	1.65	3.58	5.50	
	农林牧业用岛	0.22	0.44	1.32	2.86	4.40	
	可再生能源用岛	0.75	1.49	4.47	9.69	14.90	
	城乡建设用岛	1.04	2.07	6.22	13.48	20.75	
	公共服务用岛	—	—	—	—	—	
	国防用岛	—	—	—	—	—	
四等	旅游娱乐用岛	0.49	0.98	2.94	6.36	9.79	1248.00万元/公顷，按用岛面积一次性计征
	交通运输用岛	0.60	1.20	3.59	7.79	11.98	
	工业仓储用岛	0.70	1.40	4.19	9.08	13.98	

等别	用岛方式 / 用岛类型	原生利用式	轻度利用式	中度利用式	重度利用式	极度利用式	填海连岛与造成岛体消失的用岛
四等	渔业用岛	0.20	0.39	1.17	2.54	3.91	1248.00万元/公顷，按用岛面积一次性计征
	农林牧业用岛	0.16	0.31	0.94	2.03	3.13	
	可再生能源用岛	0.53	1.07	3.20	6.94	10.68	
	城乡建设用岛	0.75	1.50	4.49	9.73	14.97	
	公共服务用岛	—	—	—	—	—	
	国防用岛	—	—	—	—	—	
五等	旅游娱乐用岛	0.42	0.84	2.51	5.45	8.38	1056.00万元/公顷，按用岛面积一次性计征
	交通运输用岛	0.51	1.01	3.04	6.59	10.14	
	工业仓储用岛	0.59	1.18	3.55	7.69	11.83	
	渔业用岛	0.17	0.34	1.02	2.21	3.39	
	农林牧业用岛	0.14	0.27	0.81	1.76	2.71	
	可再生能源用岛	0.46	0.91	2.74	5.94	9.14	
	城乡建设用岛	0.63	1.27	3.80	8.24	12.68	
	公共服务用岛	—	—	—	—	—	
	国防用岛	—	—	—	—	—	
六等	旅游娱乐用岛	0.37	0.75	2.24	4.86	7.48	927.00万元/公顷，按用岛面积一次性计征
	交通运输用岛	0.45	0.89	2.67	5.79	8.90	
	工业仓储用岛	0.52	1.04	3.12	6.75	10.39	
	渔业用岛	0.15	0.31	0.93	2.01	3.09	
	农林牧业用岛	0.12	0.25	0.74	1.61	2.47	
	可再生能源用岛	0.41	0.82	2.45	5.30	8.16	
	城乡建设用岛	0.56	1.11	3.34	7.23	11.13	
	公共服务用岛	—	—	—	—	—	
	国防用岛	—	—	—	—	—	

　　最低价计算公式为"无居民海岛使用权出让最低价＝无居民海岛使用权出让面积×出让年限×无居民海岛使用权出让最低标准"。

　　无居民海岛出让前，应确定无居民海岛等别、用岛类型和用岛方式，核算出让最低价，在此基础上对无居民海岛上的珍稀濒危物种、淡水、沙滩等资源价值进行评估，一并形成出让价。出让价作为申请审批出让和市场化出让底价的参考依据，不得低于最低价。

关于健全浙江省无居民海岛有偿使用制度的建议

无居民海岛是全民所有自然资源资产的重要组成部分，是经济社会发展的重要战略空间。近年来，国内各沿海地区通过招拍挂、审批出让使用无居民海岛的现状日趋频繁，浙江省作为我国无居民海岛开发利用走在最前列的省份，先行先试探索无居民海岛有偿使用制度具有重大的现实意义。

一、浙江无居民海岛有偿使用管理现状

自 2010 年颁布实施《海岛保护法》以来，我国无居民海岛有偿使用制度逐步建立和完善，出台了《无居民海岛使用金征收使用管理办法》《无居民海岛使用金评估规程（试行）》《无居民海岛使用测量规范（草案）》《关于无居民海岛开发利用项目审理工作的意见》《调整海域、无居民海岛使用金征收标准》等配套制度，2017 年 1 月 16 日国务院发布了《关于全民所有自然资源资产有偿使用制度改革的指导意见》提出逐步扩大市场化出让范围等改革措施以完善我国无居民海岛有偿使用制度。2017 年 5 月中央深改组审议通过了《海域、无居民海岛有偿使用的意见》。2018 年国家成立了自然资源部，实行自然资源统一管理，建立自然资源有偿使用制度，探索行之有效的自然资源资产化运作模式。2018 年 7 月国家海洋局发布了《关于海域、无居民海岛有偿使用的意见》，明确提出对可开发利用的无居民海岛，要通过提高用岛生态门槛，完善市场化配置方式，建立符合无居民海岛资源价值规律的有偿使用制度。至 2016 年底，我国已有偿出让了 17 个无居民海岛，累计征收使用金 5.35 亿元。

浙江省无居民海岛数量众多，根据《2017 年海岛统计调查公报》，全省约有海岛 4370 个，占全国总数的 37%；平均大潮高潮线面积在 500m² 以上的海岛有 3061 个，其中无居民海岛 2883 个，占总数的 94.2%，舟山市 1160 个，占全省无居民海岛总数的 40.2%；宁波市 503 个，占 17.4%。

近年来，浙江省在推进无居民海岛有偿使用制度建设和实践中进行了很多有益探索，取得了一些成效。

一是积极探索无居民海岛有偿使用。目前，浙江省有 31 个无居民海岛列入国家首批无居民海岛开发利用名录，其中，12 个旅游娱乐用岛、8 个工业用岛、5 个渔业用岛、3 个交通运输用岛、2 个公共服务用岛和 1 个仓储用岛。2003~2018 年我省共有 19 个无居民海岛申请审批出让；实现了全国首个无居民海岛（象山大羊屿岛）使用权拍卖。

二是完善无居民海岛有偿使用配套制度。出台并修订了《浙江省无居民海岛开发利用管理办法》《浙江省无居民海岛使用审批管理办法》，出台了《浙江省

无居民海岛使用权招标拍卖挂牌出让管理暂行办法》《浙江省无居民海岛使用权登记管理暂行办法》等，探索建立了无居民海岛价值评估、使用权出让竞价等市场化机制。上述配套制度建设进一步规范了无居民海岛利用和确权审批流转等程序，明确省级审批权限内的无居民海岛使用权主要通过招拍挂等市场化配置方式公开出让。

三是推进海岛保护与规划的制定和推广。发布实施了《浙江省海洋功能区划》《浙江省无居民海岛保护与利用规划》和《浙江省重要海岛开发利用与保护规划》等规划，在规划框架内开展用海用岛活动的要求逐步落实，省市县三级规划衔接管控的局面正在形成，规划引领和管控的格局不断强化。

二、当前存在的主要问题

鉴于无居民海岛有偿使用制度实施时间不长，实践中积累的经验不多，很多工作还需要进一步探索，从进一步完善无居民海岛有偿使用制度的角度看，浙江省还需要在一些关键问题上大胆探索，并在实践中逐步加以解决或完善，主要有：

（1）无居民海岛估价体系尚未建立。健全的价值评估体系是保障无居民海岛使用权市场健康运作的重要条件，但目前我省在这方面仍然处于起步阶段，还需要在实践中不断探索完善：一是缺乏一套完善的无居民海岛估价体系。目前我省在无居民海岛使用权价值评估上已落后于广东，然而实践中全国出售无居民海岛的数量很少，积累的案例不多，也制约了海岛评估理论和技术的发展。目前，广东的评估技术手段也仅适用于无居民海岛使用金或拍卖底价的评估，仅适用于无居民海岛使用权出让的一级市场，二级市场的评估理论与技术还没有完全成熟。我省急需建立一整套无居民海岛估价规程，以利于无居民海岛市场化。二是无居民海岛专业评估机构和技术人员缺乏。目前全省具备无居民海岛评估专业特长和技术储备的中介机构十分缺乏，技术队伍的数量极其有限，不能适应日益增长的海岛有偿开发利用的需求。三是海岛评估配套机制不健全。现行和正在制定的无居民海岛估价体系并没有形成全面、具体和系统的规定，评估管理制度有待配套建立，特别是在市场监管、机构资质和人员执业资格等方面尚缺乏必要的制度规范并经受住实践的检验。

（2）无居民海岛统一收储机制尚未建立。当前，无居民海岛开发和管理过程中面临着诸多问题，一是多头管理现象严重。在无居民海岛开发过程需要受规划、住建、国土、林业、渔业与海洋等部门的管理，各部门均从自身行业角度处理问题，部门之间缺乏协调统一和信息共享机制，使得无居民海岛开发时掣肘较多。二是历史遗留问题多。在历史上浙江多个无居民海岛发放有林权证、无居民海岛证、滩涂证等，这些权证作为利益相关的重要凭证成了无居民海岛合理开发利用活动的"拦路虎"。三是缺乏统一的收储机制。由于无居民海岛法前用岛问题多，加之前期开发基础设施工作大，同时无居民海岛出让不但是岛屿还涉及岸线、海域等资源，目前尚未建立一套包含无居民海岛、岸线资源、海域资源等在内的海洋资源收储机制，对无居民海岛市场化开发成功开发十分不利。

（3）无居民海岛出让、流转机制有待健全。在无居民海岛资源的一级市场供给方面，目前招拍挂的实施办法仍处于探索阶段，实践中缺少法律规范，仅仅在财政部、国家海洋局联合发布的《无居民海岛使用金征收使用管理办法》中制定相关条文对招拍挂进行笼统规定，已出台的《浙江省无居民海岛使用权招标拍卖挂牌出让管理暂行办法》急需要明确经营性开发的主体资格，《浙江省无居民海岛使用权登记管理暂行办法》也需要规范无居民海岛使用权及相关财产的权属登记问题。同时，目前无居民海岛二级市场几乎尚未产生，流转、出租、抵押等配套制度也尚未制定，市场在无居民海岛使用权资源配置过程中的作用发挥还很不充分❶。

三、健全浙江无居民海岛有偿使用制度的建议

健全无居民海岛有偿使用制度是贯彻《海岛保护法》、落实中央深改组通过的《海域、无居民海岛有偿使用的意见》的迫切要求，是健全无居民海岛使用管理制度的需要。浙江作为海洋大省，改革开放先行者和排头兵，必须在"八八战略"再深化、改革开放再出发的征程中先行先试、勇立潮头，切实完善无居民海岛有偿使用制度。当前，要做好以下几个方面的工作：

（1）尽快建立无居民海岛估价体系。目前，我省已初步探索了无居民海岛价值评估体系，正在制定《浙江省无居民海岛估价规程》，下一步，我省应从无居民海岛评估管理制度、评估机构与技术人员、技术规范和评估理论等入手，建立健全无居民海岛价值评估体系，确保无居民海岛有偿使用制度有效运行。

一是推动无居民海岛评估理论的研究。要特别加强基础理论研究，重视评估制度创新、技术创新和技术积累，丰富评估技术和评估方法。

二是建立并完善无居民海岛评估技术标准规范。对已初步制定的《浙江省无居民海岛估价规程》做好论证工作，包括进一步明确无居民海岛使用权价值影响因素、丰富评估方法、规范评估程序、突出保护优先原则等。同时对省内乃至全国已有的无居民海岛评估规范和案例进行研讨，丰富《估价规程》，增强科学性、合理性和可操作性。抓紧出台《浙江省无居民海岛估价规程》，以利于无居民海岛有偿使用❶。

三是要完善无居民海岛评估行业管理制度。特别要重视无居民海岛评估机构

---

❶ 黄小彪. 关于完善广东省无居民海岛有偿使用制度的建议 [J]. 港口经济，2017（4）：20~23.

和技术个人培养，增强海岛评估的技术力量，建立无居民海岛估价师制度，加强行业监管，开展行业自律管理等。

（2）加快建立无居民海岛收储机制。无居民海岛储备是有效实现无居民海岛资源市场化配置的基础性工作和重要途径，主要体现在无居民海岛出让前的前期整理、开发和日常管理及出让等，这就需要建立一套无居民海岛收储机制。

一是切实解决法前用岛问题。坚持尊重历史、分类分步妥善解决的原则，对《海岛保护法》实施前已取得国土证、林权证、海域使用证等权属证或与当地政府、村民委员会签订无居民海岛使用合同的无居民海岛开发项目，采取收回并重新发放使用权证等措施；对于未取得相关权证的法前用岛，简化申请无居民海岛使用权证的程序，逐步推动法前用岛依法纳入有偿使用管理。对涉及军事用岛问题需要政府协商解决❶。

二是建立一套完善的无居民海岛收储机制。高度重视无居民海岛收储对提高无居民海岛资源的节约集约利用，规范无居民海岛审批与建设周期，提高无居民海岛海岛价值的重要性。在坚持生态优先、科学开发，产权明晰、权能丰富、政府主导，市场化运作原则前提下，抓紧研究和规范无居民海岛收储流程，制定相关政策法规。建议省政府加大机构创新改革力度，成立省级自然资源收储机构，对相关机构职能进行整合，以利于无居民海岛开发与保护。

（3）建立健全无居民海岛使用权市场。完善《浙江省无居民海岛使用权招标拍卖挂牌出让管理暂行办法》，进一步明确使用权招标、拍卖、挂牌出让的范围、适用情形、主体资格等，选择具有较好开发条件的海岛进行试点，完善价格形成机制，加快推进市场化配置无居民海岛资源进程。加快探索建立无居民海岛转让、抵押、出租、作价出资（入股）等配套制度，建立健全无居民海岛流转二级市场，促进一、二级市场良性互动，优化无居民海岛资源的市场供给方式。此外，产权明晰是引入市场机制配置资源的基础和前提，要按照国家海洋局发布的《关于海域、无居民海岛有偿使用的意见》要求，建立明晰的无居民海岛产权制度，统一进行确权登记，区分所有者、使用者和监管者职能，更多引入竞争机制。

（4）加大对无居民海岛有偿使用的监管。

一是要坚持高标准规划开发，按照"一岛一规划"原则进行规划利用，并严格设定开发建设内容、建设期限、生态保护要求等。

二是规范无居民海岛使用金征收和缴库管理，严格按规定比例缴入中央和地方国库；规范无居民海岛使用金的使用管理，严格按规定将无居民海岛使用金纳

---

❶ 黄小彪. 关于完善广东省无居民海岛有偿使用制度的建议［J］. 港口经济，2017（4）：20~23.

入财政支出预算用于海岛生态资源、维护国家海洋权益、海岛管理、海岛生态修复等，不得挪作他用❶。

三是加大海岛建设项目环境管理力度，对海岛开发建设严格执行环境影响评价制度，严格禁止围填海，确保全省大陆自然岸线保有率不低于35%，督促业主履行对无居民海岛生态资源保护的主体责任。

❶　黄小彪. 关于完善广东省无居民海岛有偿使用制度的建议［J］. 港口经济，2017（4）：20~23.

全 书 图 表

后　记

午夜 12 点的钟声又过了，今天是情人节，妻子在医院上夜班，两个孩子已早早的睡觉，使我有时间对书稿做一些修改。

都说"靠山吃山，靠海吃海"，学习、工作、生活于海岛之上，使我对这一方水土有着深厚的感情。我的学习方向、研究领域都没有离开过"海洋"。近几年来，我相继参与或主持了多项涉海课题，这一课题也是我研究的涉海课题之一。本成果是我主持的省社科规划课题（海洋经济发展的"浙江样本"，编号：17GXSZ23YB）的阶段性成果，也是我主持的舟山群岛新区政策研究室和舟山市海洋与渔业局课题（舟山无居民海岛国资统一收购与保护开发研究）的成果之一。

想把这一成果写成一本书，既是我对这一课题的一个总结，更是了却我的一个心愿。近年来，我主持了多项土地的课题，对土地的基准价、土地价值评估、土地收储等有了深入的了解，发现土地开发能够顺利开展，很大程度上得益于科学而完善的土地收储操作规程。然而，近年来我国在海域海岛有偿使用开发上举步艰难，在很大程度上正是缺乏体系性、完善性的收储制度。因此，我觉得开展无居民海岛收购储备制度研究是有着现实意义和理论意义的。

在本课题的研究过程中，我大量阅读了土地收储与交易的相关书籍、文献，本研究也借鉴了土地收储的做法。土地收储实际上是土地收购、土地储备和土地供应的总称，因此研究无居民海岛也需要关注这三个方面。在开展本课题的研究中，我与课题组成员王芬、李春林、胡细华等人走访了中国社会社科院法学所、象山县海洋与渔业局、国家海洋信息中心等 20 多个研究机构，系统地了解了国内探索海域海岛收储的经验，也对网络上有关无居民海岛收储的相关资料进行了搜索和分析研讨。这些理论性和实践性资料为我开展本课题研究提供了详实的材料。

　　在本课题研究过程中，我对已有的无居民海岛法规进行了研读，并与土地收储法规进行比对分析；对土地收储机构与海域海岛机构设置进行了比对分析，同时充分考虑无居民海岛开发利用的适用性，本书中大量引用、采用的无居民海岛法规是我比对分析的一个结果和思考。当然由于无居民海岛收储很大程度上还是空白状态，因此我在撰写本书中借鉴了土地收储制度，尽管我已充分考虑无居民海岛特殊性，但由于无居民海岛收购储备是一项创新性制度，加之我对这一课题研究不多、时间不长，有些成果和阐述可能有错误之处，恳请读者批评。书中有些属于资料汇集，有些属于现有研究成果的综合，这些要感谢土地收储研究的专家和学者，正是他们的研究使我能够打开思维，对无居民海岛收储有了启发性的思考。

　　在课题研究中，新区政策研究室、新区发展研究院何军副院长对本课题研究给予了大力支持，正是他的激励才有这一成果。还要感谢市委市政府的领导和课题评审组的专家对本课题提出的中肯建议。

　　特别要感谢的是我的家人，尤其是我的妻子。她是我从事科学研究的坚定支持者，可以说没有她就没有我的成绩，如果我有了一些成果或成就，那大部分应该属于她。当然还有我的父母，他们养育了我，也养育了我的两个孩子。另外，对两个孩子说一声："对不起"，希望在你们十年、二十年以后看到这个后序时，能够听到你们父亲对你们的歉意，我长期在异地工作，照顾你们不多，我深感自责，爸爸一定留出更多的时间陪你们。

　　在本书写作过程中还得到了单位的部门领导沈佳强教授和童航良书记以及各位同事和本课题组王芬副教授、李春林博士、胡细华副教授的支持和鼓励，在此表示深深的敬意和感谢。感谢全永波教授和崔旺来教授，他们是海域海岛研究的专家，也是学校农林经济管理硕士点的负责人，正是在与他们的聆听和学习中才让我对无居民海岛这一领域有了深入的认识。还要感谢我的本科创业指导老师彭勃教授和王晓慧副教授以及钟海玥博士对本书提出的修改意见，他们都是这方面的资深专家，长期研究无居民海岛有偿使用制度，他们的意见使我对无居民海岛收储制度有了更清晰的认识。最后，还要感谢那些研究土地收储和无居民海岛开发利用研究的专家、学者，正是有他们的研究才能够使我对无居民海岛收储制度的研究更深入，有些引用不到位的地方敬请广大读者批评、谅解。

写于绍兴家中
2018 年 8 月 17 日夜